Mastercam X6

造型与数控加工案例教程

 李锋 郭倩 杨保香 主编

U0393511

化学工业出版社

·北京·

图书在版编目（CIP）数据

Mastercam X6 造型与数控加工案例教程/李锋，郭
倩，杨保香主编. —北京：化学工业出版社，2017.1（2020.2重印）
ISBN 978-7-122-28522-5

Ⅰ. ①M… Ⅱ. ①李…②郭…③杨… Ⅲ. ①数控机
床-加工-计算机辅助设计-应用软件-教材 Ⅳ. ①TG659-39

中国版本图书馆 CIP 数据核字（2016）第 277063 号

责任编辑：王　烨　项　潋　　　　　　　　　文字编辑：陈　喆
责任校对：吴　静　　　　　　　　　　　　　装帧设计：刘丽华

出版发行：化学工业出版社（北京市东城区青年湖南街 13 号　邮政编码 100011）
印　　装：北京虎彩文化传播有限公司
787mm×1092mm　1/16　印张 12¾　字数 329 千字　　2020 年 2 月北京第 1 版第 4 次印刷

购书咨询：010-64518888　　　　　　　售后服务：010-64518899
网　　址：http://www.cip.com.cn
凡购买本书，如有缺损质量问题，本社销售中心负责调换。

前　言

　　随着制造技术的发展，CAD/CAM 技术软件在机械制造业中的应用越来越广泛，为制造业的快速发展奠定了坚实的基础。作为常见的 CAD/CAM 软件之一，Mastercam 软件以其高效、易学等特点而在实际生产中得到了广泛的应用。

　　本书通过 Mastercam X6 软件基础、二维图形的创建与编辑、曲面造型及编辑、实体造型的构建与编辑、二维加工、三维加工详细描述了软件各项功能在实际中的应用。本书编写人员全是"双师型"教师，他们在实际工作中积累了丰富的工程实践及教学经验。在编写过程中语言精练、论述清晰、图文并茂，实用性与先进性并举，紧扣生产实际。

　　本书可作为各高职院校、高级技工学校、技术学院、技师学院及参加各类数控大赛人员的培训教材。

　　本书由陕西航天职工大学李锋、西安工程大学郭倩、西安航空职业技术学院杨保香主编，陕西航天职工大学李锋编写了第 5 章、第 6 章；西安工程大学郭倩编写了第 1 章、第 2 章；西安航空职业技术学院杨保香编写了第 3 章、第 4 章。在编写过程中，陕西航天职工大学王红珠、周怀兵、张瑛、郑欣、李正泽、许梦芸提供了很多帮助，在此深表谢意。由于编者的知识水平有限，书中不足之处敬请读者批评指正。

编者

目　录

→ 第3章 曲面造型及编辑 ······························· **50**

第 **1** 章

Mastercam X6软件基础

1.1 Mastercam X6 概述

1.1.1 Mastercam X6 简介

Mastercam 是美国 CNCSoftware 公司研发的 CAD/CAM 一体化软件，该软件以 PC 为平台，在 Windows 视窗环境下使用。Mastercam 软件是当前最为经济、有效的全方位 CAD/CAM 软件，具备常规的硬件要求、稳定的运行效果，且易学易用等优点，更以其强大的功能，赢得大批忠实的用户，被广泛地应用于模具制造、机械加工、电子、汽车、航空等行业。

Mastercam 作为一款功能强大的 CAD/CAM 软件，是目前装机量第一的 CAD/CAM 软件。为适应广大用户的习惯，2005 年 7 月，CNC Software 公司在中国隆重推出 Mastercam X 版。X 版本是 CNC Software 公司经过多年精心打造，隆重推出的版本，其 Windows 风格界面受到广大用户的普遍好评。

Mastercam X6 是目前 Mastercam X 的最新版本。Mastercam X6 在 Mastercam X 的基础上继承了 Mastercam 的一贯风格与绝大多数设置，集二维绘图、三维实体造型、曲面设计、体素拼合、数控编程、刀具路径模拟及仿真加工等功能于一身，相较于 Mastercam X5，增加了新的功能和模块，其操作性能更强，功能也更加强大，更适合用户的要求。

Mastercam X6 的优势在于数控加工方面，具有强大的曲面粗加工及灵活的曲面精加工功能。其可靠刀具路径效验功能可模拟零件加工的整个过程，模拟中不但能显示刀具和夹具，还能检查出刀具和夹具与被加工零件的干涉、碰撞情况，真实反映加工过程中的实际情况，简单易用，生成的 NC 程序简单高效。Mastercam 主要竞争对手有 UGNX、Edgecam、WorkNC、Cimatron、Delcam（Powermill）、PTC（Pro/NC）、Space-e、CAMWorks、hyperMILL 等，与这些软件相比，在 2D 加工方面有压倒性优势；曲面方面，在简单规则类方面占优势；多轴曲面方面，在 X3 中引入了第三方的 5 轴多曲面加工，Mastercam 提供 400 种以上的后置处理文件以适用于各种类型的数控系统，比如常用的 FANUC 系统，根据机床的实际结构，编制专门的后置处理文件，编译 NCI 文件经后置处理后便可生成加工程序，使其在通用数控加工中依然是王者。

Mastercam 对硬件的要求不高，在一般配置的计算机上就可以运行，且操作灵活，界面友好，易学易用，适用于大多数用户，能迅速地给企业带来经济效益。另外，Mastercam 相对其他同类软件具有非常高的性价比。随着我国加工制造业的崛起，Mastercam 在中国的销量及在全球的 CAM 市场份额都雄居榜首，因此对机械设计与加工人员来说，学习 Mastercam 是十分必要的。

1.1.2 Mastercam X6 功能

Mastercam 是一款 CAD 和 CAM 的集成开发系统，为用户提供了相当多的模块，其中有设计（Design）、铣削（Mill）、车削（Lathe）、线切割（Wire）等模块。可以根据设计及加工需要，自行选取相应的模块。这些模块按照 CAD 和 CAM 功能可将这些模块划分为两大部分，下面对各模块做简要介绍。

（1）CAD 功能——Design 模块

CAD 设计模块具有完整的二维和三维造型功能。软件不仅可以绘制二维平面图形、创建三维曲面模型，并可轻松实现标注尺寸等各项编辑功能，可根据图形生成方程曲线；提供图层的设定功能，可显示也可隐藏图层，使得绘图过程更加简单更加清楚；可以绘制曲线，根据曲面生成曲面曲线，并可对曲面的交线进行修剪、延伸、熔接、倒圆角等操作；可以多种方法生成复杂的实体零件，并具有丰富的实体编辑功能。

此外，Mastercam 还能方便地接收 AutoCAD 的 DXF 及 DWG 文件，另外，它与 Solid-Works 三维参数化实体造型软件也有专用的数据接口。

（2）CAM 模块——Mill、Lathe、Art、Wire、Router

Mastercam X6 具有全新的 Windows 操作界面，在刀路和传输方面更趋完善和强大，Mastercam 提供了多种先进的粗加工技术，以提高零件加工的效率和质量。Mastercam 还具有丰富的曲面精加工功能，可以从中选择最好的方法，加工最复杂的零件。Mastercam 的多轴加工功能，为零件的加工提供了更多的灵活性。

CAM 包括 5 大模块：Mill、Lathe、Art、Wire 和 Router。Mill 模块主要用于生成数控铣削加工的刀具路径，包括二维加工和三维加工。二维加工类型有平面铣削、挖槽加工、外形铣削及钻孔、镗孔、螺纹加工等。三维加工有曲面加工、多轴加工、线架加工等。Lathe 模块主要用于生成车削加工刀具路径，可以进行精车、粗车、钻孔、镗孔、车螺纹等加工。Wire 线切割是非常优秀的线切割软件，能快速高效编制线切割程序。

可靠的刀具路径校验功能 Mastercam 可模拟零件加工的整个过程，模拟中不但能显示刀具和夹具，还能检查刀具和夹具与被加工零件的干涉、碰撞情况。

其功能特点如下。

① 操作方面，采用了目前流行的"窗口式操作"和"以对象为中心"的操作方式，使操作效率大幅度提高。

② 设计方面，单体模式可以选择"曲面边界"选项，可动态选取串连起始点，增加了工作坐标系统 WCS，而在实体管理器中，可以将曲面转化成开放的薄片或封闭实体等。

③ 加工方面，在刀具路径重新计算中，除了更改刀具直径和刀角半径需要重新计算外，其他参数并不需要更改，在打开文件时可选择是否载入 NCI 资料，可以大大缩短读取大文件的时间。

④ Mastercam 系统设有刀具库及材料库，能根据被加工工件材料及刀具规格尺寸自动确定进给率、转速等加工参数。

⑤ Mastercam 是一套以图形驱动的软件，应用广泛，操作方便，而且它能同时提供适合目前国际上通用的各种数控系统的后置处理程序文件，以便将刀具路径文件（NCI）转换成相应的 CNC 控制器上所使用的数控加工程序（NC 代码）。

因此，利用 Mastercam X6 软件，用户可以轻松完成产品制造过程的三大核心环节，即产品设计（利用软件的 CAD 功能辅助实现）—工艺规划—制造（利用软件的 CAM 功能辅助实现）。

首先用户利用 CAD 功能创建一个新模型或调用已有的零件模型，接下来进行加工参数的设置，比如选择刀具、选择机床、工件设置等，这些设置都是在用户的指引下完成的，也就是说软件不能自动完成这些专业性很强的设置与选择，需要由用户按自己的专业知识亲自指定。Mastercam X6 系统设有刀具库和材料库，能根据被加工工件材料及刀具规格尺寸自动确定工艺参数（如切削速度、进给率等），也可人为设定。软件根据用户所设置的以上参数，利用自带的适合目前国际上通用的各种数控系统的后处理程序文件，将刀具路径文件（NCI）转换成相应的 CNC 控制器上所使用的对应的数控加工程序，可进行实体切削验证，模拟真实加工过程，及时发现问题，修改参数，避免损失。然后将修改后的 G 代码通过 PC 机传输给与之连接的数控机床，数控机床将按照程序进行加工，从而实现辅助加工。

1.2　Mastercam X6 的安装

将 Mastercam X6 的安装光盘放入光驱，或者将安装软件打开，系统会开始自动安装。当出现图 1-1 所示的安装界面时，单击安装 Mastercam X6 按钮进行安装。具体步骤如下。

① 选择安装内容：单击 Mastercam X6 按钮后，出现安装内容界面，如图 1-2 所示，可直接单击第三步：安装 Mastercam X6。

图 1-1　安装界面

图 1-2　内容界面

图 1-3　信息输入

图 1-4　单位选择

② 根据提示（如图 1-3 所示），输入用户信息等内容，单击下一步。

③ 根据软件提供商提供信息进行解密，用户根据需要选择 HASP 或 NetHASP 以及 Inch 或 Metric，如图 1-4 所示，单击下一步。

④ 选择系统示例，如图 1-5 所示，可根据需要选择英制或美制单位的实用例子，单击下一步。

⑤ 按系统提示完成设置后，系统开始安装软件。安装完成后，如图 1-6 所示。单击完成按钮完成安装。

图 1-5　系统示例选择　　　　　　　图 1-6　安装完成

1.3　Mastercam X6 的启动

完成软件安装后，用户需要配合专门的加密狗进行解密，方可正常使用 Mastercam X6。用户可以通过以下 3 种方式运行 Mastercam X6：

① 双击桌面上的 Mastercam X6 快捷方式图标。

② 双击安装目录下的程序运行文件。

③ 打开"开始"→"程序"→"Mastercam X6"→"Mastercam X6"命令。

打开 Mastercam 后，进入系统默认的主界面，如图 1-7 所示。

1.4　Mastercam X6 工作界面

1.4.1　Mastercam X6 工作界面组成

Mastercam X 工作界面组成如图 1-7 所示。该界面主要包括标题栏、菜单栏、工具栏、Ribbon 工具栏、绘图区、记录工具栏、操作管理器、状态栏等部分。

1.4.2　Mastercam X6 工作界面各部分功能

（1）标题栏

标题栏位于屏幕窗口最上面一行，用于显示当前使用的模块、当前打开文件的路径及文件名称。与 Windows 窗口的作用一样，可以进行窗口的缩放与移动。

（2）菜单栏

紧挨着标题栏的下一横行就是菜单栏。菜单栏包含了 Mastercam 所有的命令，包含"文件""编辑""视图""分析""绘图""实体""转换""机床类型""刀具类型""屏幕""设置""帮助"12 个菜单，每一个菜单都有其下拉菜单，都可以逐级展开。

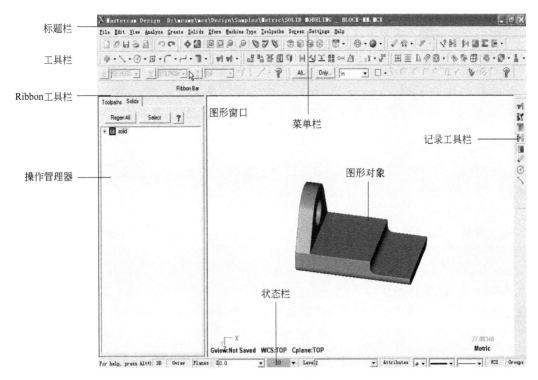

图 1-7 软件的工作界面

① 文件——包含文件的新建、文件打开、保存、另存为、打印、退出软件等常用命令。

② 编辑——包含撤销、删除、复制、粘贴、修剪等常用命令。

③ 视图——包含操作管理器的显示与隐藏、适度化、图形的缩放等命令。

④ 分析——分析并显示绘图区已选图素的相关信息，如果分析线段，就会显示其两个端点的坐标，线段长度。

⑤ 绘图——包含所有的二维绘图命令，如点、线、圆弧（圆）、矩形、多边形、椭圆、样条曲线等，此外还包括了三维曲面的所有构件命令与编辑命令，还有基本曲面与基本实体的命令也在该菜单栏。

⑥ 实体——包含实体的造型命令与编辑命令。

⑦ 转换——包含所有的二维图形的编辑命令，如平移、旋转、镜像、缩放、偏移等。

⑧ 机床类型——机床菜单，用于选择机床并进入相应的 CAM 模块。

⑨ 刀具路径——包含所有的二维刀具路径及三维刀具路径、加工操作管理、编辑组合等命令。

⑩ 屏幕——包含设置屏幕显示有关的所有命令。

⑪ 设置——包含设置快捷方式、工具栏、工作环境的所有命令。

⑫ 帮助——包含各种帮助命令。

（3）工具栏

紧挨着菜单栏的下一横行就是工具栏，以图标的形式显示菜单栏中常用的命令。启动的模块不同，工具栏也不尽相同。它其实就是常用菜单项的快捷键，为用户提供了一种快捷的工作方式。

（4）Ribbon 工具栏

紧挨着工具栏的下一横行就是 Ribbon 工具栏。只有在调用命令后才会出现。当用户调用某一命令时，Ribbon 工具栏将出现对应该命令的一排文本框或图标，用于帮助用户设置所绘图形的相关参数。如调用直线命令时，Ribbon 工具栏会出现长度设置框、角度设置框等文本框。

（5）绘图区

用于绘制和显示 Mastercam X6 创建的二维或三维几何图形、刀具路径、模拟加工过程，也称为工作区。其背景颜色默认为黑色，也可通过菜单栏"系统设置"进行修改。

（6）记录工具栏

位于绘图区右侧的是操作命令记录的记录工具栏。按顺序逐一记录下用户操作过程中新近使用过的 10 个命令，方便用户进行重复操作。

（7）操作管理器

位于绘图区的左侧，包括刀具路径和实体两个选项卡。用户可通过菜单栏的"视图"→"切换操作管理"命令来显示和关闭操作管理器。

（8）状态栏

状态栏位于绘图区的下方，依次有 2D/3D 选择、屏幕视角、平面、工作深度、图层、颜色、点型、线型、线宽、坐标系、群组设置。单击每一部分都会弹出相应的菜单，从而进行相应的设置修改。

1.5 Mastercam X6 几个通用概念

（1）图素

图素是常见的几何图形，可以是一个点、一条线、一个圆弧，也可以是曲面、实体等。

（2）图素的属性

图素都有属性，如点的点型，每种图素的颜色、线型、线宽也都属于属性。

（3）构图平面

构图平面是一个非常重要的概念，构图平面就是绘制图形的二维平面，常用的有俯视图（Top 水平面）、前视图（Front 正平面）、侧视图（Side 侧平面）和 3D。Mastercam 软件，在"空间"的哪个位置绘图要求是比较"死板"的，比如要在图 1-7 所示的顶面上画图，就要将构图平面设置为顶面（Top），要在前平面上画图，就要将构图平面设置为前面（Front），要在右侧面上画图，就要把构图平面设置为侧面（Side）。

注：如果要在后平面或者在左侧面上画图，那分别要将构图平面设置为什么呢？Mastercam 规定如下：

① 与左侧面平行的任何平面都叫侧面（Side）。

② 与前平面平行的任何平面都叫前面（Front）。

③ 与顶面平行的任何平面都叫顶面（Top）。

用户可以根据需要选择一种构图平面。

思考：与水平面平行的平面有无数个，如果用户想在离水平面上 20mm 的平行平面上绘图，难道只需要选择前面作为构图平面就够了吗？答案是肯定不行，接下来要讲的构图深度，它就是与构图面配套的，设置好构图面之后，必须对构图深度进行设置。

（4）构图深度

Z 深度设置用于设置所绘制的图形所处的三维深度。Mastercam 通过工作深度的设置来使用户可以在二维平面中绘制出具备有三维 Z 轴深度的图形。输入不同的 Z 深度则所绘制的图形在不同的与构图平面平行的平面上，其距离就是 Z 深度。

例如设置当前构图面是水平面时，与水平面平行的面有无数个，像教室里面的地面，桌面等都是水平面，同样，与侧面、前平面平行的也有无数个，为了区分某一方向上这个面与那个面的区别，引入了构图深度 Z。

注：构图深度 Z，不要与坐标 X、Y、Z 混淆。构图深度只是表示无数平行的构图平面之间的层次关系的参数而已。

状态栏中的 Z 选项用来设置当前的构图深度。设置时可以直接从键盘输入数值，也可以通过鼠标捕捉绘图区的某个点来确定。例如要绘制一个竖直放置的杯子的杯口和杯底，先将构图平面设置为水平面，很显然杯口与杯底所在的不是同一个水平面，怎么区分这两个呢？就要用到构图深度，如果将杯口的构图深度设置为 0，杯子垂直高度是 20mm，那么杯底的构图深度就是－20。

（5）视角

① 标准视角　图形视角表示的是当前屏幕上图形的观察角度，字面上理解，"视"就是看，"角"就是角度，连起来就是"看图的角度"。但用户所绘制的图形不受当前视角的影响，而是由构图平面和工作深度确定。系统提供了等角视角 ISO、俯视图 TOP、前视图 FRONT、侧视图 SIDE 等图形视角。

② 动态旋转视图　单击工具栏中的按钮，可以进行视角的动态变换。动态地改变（包括缩放、平移、旋转等动作）当前的屏幕画面。

缩放：按"Z"键，选择屏幕上一点之后便可移动鼠标，观看缩放图形的结果。

平移：按"P"键，选择屏幕上一点之后便可移动鼠标，观看平移图形的结果。

旋转：按"D"键，选择屏幕上一点之后便可移动鼠标，观看旋转图形的结果。此选项为系统默认值。

1.6　Mastercam X6 的基本操作

1.6.1　取消命令

Mastercam 取消命令的方法有以下 4 种。

① 单击 Ribbon 工具栏的 ☑（确定）按钮，退出当前命令。

② 按"Esc"键，退出当前命令。

③ 选择其他功能替代当前功能，即直接选择工具条的其他命令，系统会自动取消前一命令，并执行现在所选的命令。

④ 撤销操作。Mastercam 在命令操作时对于所做的错误操作可以进行回退取消。单击工具栏中的返回按钮，可以将最近一次所绘制的图形取消或者将最近一次编修、转换操作取消。

1.6.2　图素的选择

对图素进行旋转、删除、镜像等编辑操作时，首先都需选择图素。

（1）一次选择一个图素

如果被选择的图素很少，就可以用鼠标一个一个点选来选择。一次选择一个图素，利用鼠标将光标移动到图素上，然后单击鼠标左键，则该图素被选中。

（2）一次选择多个图素

如果需要选择多个图素，可以利用上面的方法一个一个选，但是点击次数太多，效率太低。怎么才能一次选择多个图素呢？当需要选择图素时，软件会出现通用选择菜单，包含了常用的图素选择方法（解释对话框的含义），对常用的各种选择方法简述如下。

① 串连选择　串连是指多个首尾相连的线条构成的链。对这些线条进行选择时，可以在选择工具栏中选择串连选项，然后选择该链条中的任意一条，系统将根据几何拓扑关系自动搜寻相连的所有线条，完成选择后以高亮颜色显示。适用于选择一系列首尾相连的多个图素，将其称为连续线，该连续线可以是封闭的，也可以不是封闭的。

注：如果该连续线自某一个交点是由 3 个或者 3 个以上的线条相交而成的，即存在"分支点"，这时系统不知道往哪搜寻，此时软件会在分支点出现一个箭头，以提示用户指明方向，用户可以根据需要，选择分支点附近的任意需要线条即可让搜寻沿该线条继续搜寻。

② 窗口选择　窗选是指在选择图素时，单击绘图区，选定任一点（不要落在图素上，否则就是单选），并按住鼠标左键不放，拖拽形成一个封闭的矩形窗口区域，则符合该区域条件（指选择方式）的图素即被选中。

③ 多边形　多边形选择与窗选类似，在选择图素时，用鼠标在绘图区指定几个点，拖拽出一个封闭多边形区域，则符合该区域条件的图素即被选中。

④ 区域选择　如果首尾相连的图素刚好围成一个封闭区域，则可以用区域选择。适用于选择围成一个首尾相连的封闭区域。

注：与串连选择类似，也可以选择首尾相连的多个图素，但不同的是区域选择必须是封闭的区域。

1.7　文件管理

Mastercam X6 文件菜单如图 1-8 所示，常用的文件管理命令有新建文件、打开文件、保存文件、输入目录、输出目录等命令。

图 1-8　"文件"管理菜单

1.7.1　打开文件

Mastercam 不但可以打开目前版本和以前版本的文件，如 MCX、MC9、MC8，而且可以打开其他软件的文件格式。

选择"文件"→"打开文件"命令，如图 1-9 所示。

1.7.2　保存文件

Mastercam 不但可以将文件保存为目前版本和以前版本的文件，如 MCX、MC9、

MC8，而且可以保存为其他软件的文件格式，实现与其他软件的共享交换。

选择"文件"→"保存文件"命令，如图 1-10 所示。

图 1-9 "打开文件"对话框

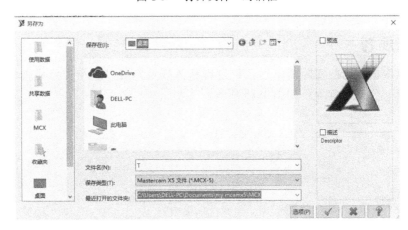

图 1-10 保存文件

1.7.3 输入输出文件

输入输出文件功能可以批量导入和导出其他格式的文件，指定好文件夹即可将该文件夹中的所有文件导入或导出。

选择"文件"→"输入目录"命令，如图 1-11 所示。

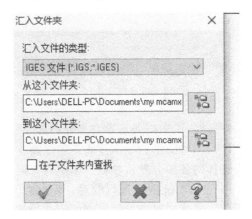

图 1-11 输入目录

选择"文件"→"输出目录"命令，如图 1-12 所示。

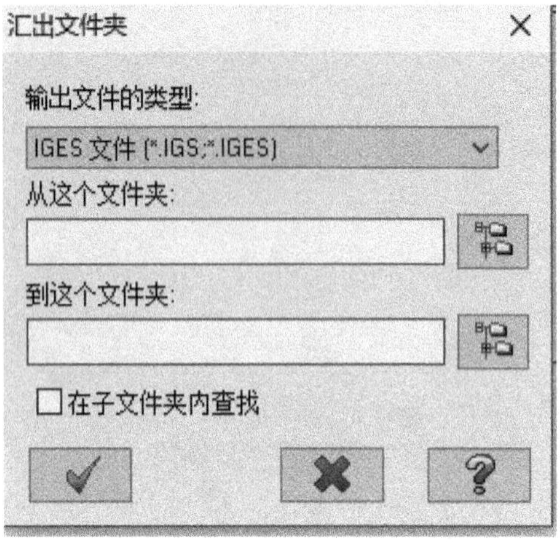

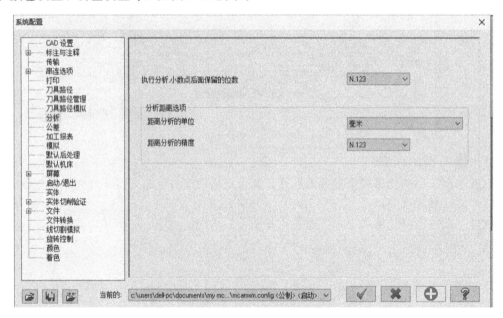

图 1-12　输出目录

1.8　系统规划

用户可以根据自己的实际需求对系统进行整体规划，可以进行刀路模拟设置、CAD 设置、颜色设置、公差设置等，如图 1-13 所示。

图 1-13　系统规划

"系统配置"对话框的"主题"栏中的各选项含义介绍如下。

* CAD 设置：设置 CAD 绘图时图素的显示方式。如线型、曲面显示密度等。
* 串连设置：设置串连选择的各部分默认参数。如串连方向、串连模式等。
* 颜色：对整个 Mastercam 的系统颜色进行管理。例如可以设置各种部件（如车床素材、工具条背景颜色）的颜色、选择时对象显示的颜色。如绘图颜色、高亮显示的颜色等。
* 传输：设置计算机和机床之间默认的传输参数。如格式参数、端口参数等。

• 转换参数：设置文件输入和输出的各项参数。如输出 Parasolid 的版本号、输入 DWG 或 DXF 时是否打断其尺寸标注等。

• 默认机床：选择默认的铣削机床类型、车床类型、雕铣机床类型、线切割机床类型等。

• 标注与注释：设置标注的属性、标注文本、尺寸标注、注解文本、引导线/延伸线等各部分参数。例如可以设置标注尺寸的小数点位数、标注比例等。

• 文件：设置 Mastercam 在默认条件下利用的文件类型，例如可以在其中设置各种类型的默认打开目录、各种项目默认的存放目录等。

• 后处理设置：对输出的后处理文件摘要进行定义。例如输出 NC 文件时是否要询问或编辑等。

• 打印设置：设置打印的各项参数。如打印线宽和颜色等。

• 屏幕：设置屏幕显示的各项参数。例如设置旋转时图素显示的数量、定义鼠标中键为平移或旋转等。

• 着色设置：设置图素的着色模式。如着色材质、光源、透明度等。

• 实体：设置创建实体时系统默认的各图素显示方式。例如当由曲面转换为实体时默认为删除曲面还是保留曲面等。

• 启动/退出：定义启动系统、退出系统、更新几何体时默认的各项参数。例如启动时系统默认要加载的工具条、功能快捷键等。

• 公差：设置 Mastercam 执行操作时的精度。例如可以设置串连公差、刀具路径公差等。

第 2 章

二维图形的创建与编辑

Mastercam 有着一套完整而且功能强大的 CAD 系统，从二维设计到三维设计，可以帮助用户很容易地设计出各种复杂的零件。在后面介绍三维线框模型及曲面、实体的构建时，都需要先用二维图形的构建方法绘制曲面和实体的线框模型，可见二维图形的创建是其他操作的基础。本节通过典型实例的绘制讲解 Mastercam 常用的二维平面绘图命令。

菜单栏的"绘图"菜单，包含了 Mastercam X6 所有的二维绘图命令，鼠标左键单击相应的子菜单就可以直接调用不同的绘图命令，如选择"直线"命令，就会调用该命令，进而在绘图区进行直线的构建。

2.1 二维图形的创建

2.1.1 创建点

点是最基本的图形元素。在绘图过程中，都需要创建出一个点。如绘制圆的圆心、直线的起点等。点的创建方法有很多种，如通过键盘输入点的坐标或者通过鼠标点击绘图区的某一个位置确定一个点。

在菜单栏依次选择"Create（绘图）"→"Point（点）"命令，就会打开"Point"子菜单。如图 2-1 所示，Mastercam X6 提供了多种不同类型点的绘制方法，包括"指定位置绘点""动态绘点""曲线节点""等分点""直线端点""小圆心点""穿线点""切点"命令。

Position...	指定位置绘点
Dynamic...	动态绘点
Node Points	曲线节点
Segment...	等分绘点
Endpoints	直线端点
Small Arcs...	小圆心点
Thread Point	穿线点
Cut Point	切点

图 2-1　点的创建菜单

2.1.1.1 指定位置绘点

用于在指定的位置绘制点。位置点可以在某对象的特征点处绘制一个点，也可以通过点击或坐标输入法来进行创建。

当用户选择"Create（绘图）"→

"Point（点）" Position（指定位置绘点）时，则该命令被激活。在 Mastercam 中，有以下两种常用的输入点方式。

（1）坐标输入

通过输入点的坐标在绘图区生成一个位置点。

若已知该点的坐标，则单击工具栏中的快速绘点图标，出现一个文本框，用键盘输入点坐标，回车，则在绘图区自动生成对应的点，完成指定位置创建点任务。

（2）光标捕捉

在 Mastercam 系统中，系统可以自动地为用户捕捉光标附近的特征点（如端点、中点、圆心点、切点等）。

若不知该点的坐标，但已知点的位置，这时就不能使用上面输入坐标的方法，可以通过已知位置来绘点，移动鼠标将光标移至指定位置，然后鼠标左键单击，则在该位置自动生成一个点，完成指定位置创建点任务。

2.1.1.2 动态绘点

该命令可在已有的图素，如线、圆（圆弧）甚至实体表面上，通过移动鼠标连续动态生成点。具体操作如下。

① 菜单栏依次选择 "Create（绘图）" → "Point（点）" → "Dynamid（动态绘点）"，此时在绘图区出现文字提示行 "选择直线、圆弧、曲线、曲面或者实体面"。

② 用户根据系统提示，鼠标单击绘图区的直线、圆弧、曲线、曲面或实体面，完成选择，之后在所选对象上出现一个滑动的箭头形光标，箭头的末端代表绘制点的位置。

③ 沿选取对象移动鼠标至需要的位置，鼠标左键点击一下，则在该位置生成一个点，如图 2-2 所示。

④ 继续移动鼠标可在被选图形上连续生成点，回车则结束操作。

2.1.1.3 NodePts(节点)

曲线的节点就是控制曲线形状的点。该命令用于在 SPLINE 曲线的节点处的控制点。调用该命令后，信息提示要求选择一个参数样条曲线，以生成节点。

步骤：

① 调用命令：菜单栏 "绘图 Create" → "点 Point" → "曲线节点 Node Pts"。

② 此时，在绘图区出现提示 "选择一条样条曲线"。

③ 用户选择一条曲线后，系统即可在所选曲线的节点处生成点（节点不一定都在曲线上），如图 2-3 所示。

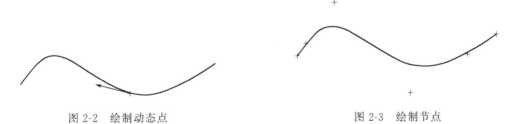

图 2-2 绘制动态点　　　　　　　　　　　　图 2-3 绘制节点

2.1.1.4 Along ent（绘制等分点）

该命令用于对指定的直线或曲线上绘制等分点。具体操作如下：

① 选择菜单栏 "绘图 Create" → "点 Point" → "等分点 Along ent"，此时在绘图区的上方会出现如图 2-4 所示的 "等分绘点" 工具栏。

图 2-4 "等分绘点"工具栏

② 在绘图区出现提示"沿一图素绘点：请选择图素"，提示用户选择要等分的对象。

③ 选取需要等分的图形后，系统继续提示输入等分点的个数，在"等分绘点"工具栏距离文本框 输入测量距离或者个数文本框 输入等分点的个数（个数比等分的段数多1），单击 完成，如图 2-5 所示。

图 2-5 等分绘点

提示： 测量距离用于指定从所选图素的测量起始点开始，每隔一定的距离就绘制一个点，最后不足部分不画点；等分点的个数为 $n+1$ 时，可将几何对象 n 等分。

2.1.1.5 Endpoint（端点）

该命令用于创建出绘图区所有图素，如直线、曲线、圆弧等图素的端点，但是不能创建出圆心。操作步骤如下。

① 菜单栏选择绘图"Create"→"点 Point"→"端点 Endpoint"或单击工具栏端点图标 。

② 调用该命令后，则绘图区图素的端点自动生成，如图 2-6 所示。

图 2-6 绘制端点

【例 2-1】 绘制坐标原点（0，0）。

步骤：

① 调用命令。菜单栏依次单击"Create"→"Point"→"Position"（绘图→点→位置点），就会调用"Position"命令，此时，"自动抓点"工具栏的相关工具处于可用状态，如图 2-7 所示。

图 2-7 "自动抓点"工具栏

② 输入坐标。通过十字光标单击快速绘点图标 ，就会出现坐标输入的文本框 ，通过键盘输入坐标原点的坐标。

③ 回车完成。这时就会在绘图区对应该坐标值生成一个点。

2.1.2 创建直线

Mastercam X6 提供了 6 种画直线的方法。在菜单栏依次选择"Create（绘图）"→"Line（直线）"命令，就会出现如图 2-8 所示的"直线 Line"子菜单。

2.1.2.1 端点连线

这种画线的方法是 Mastercam 中最常用的一种直线绘制方式。

画线时，按照系统提示，用户只需指定线段的两个端点，即可在这两点之间生成一条直线，完成线段绘制任务。当然，指定直线起点和终点位置的方法有很多种，参照上节中点的

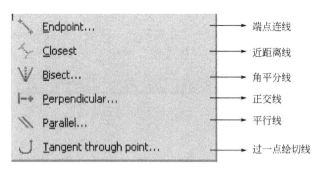

图 2-8 "Line" 子菜单

输入方式。具体操作方法如下。

① 选择 "Create" → "Line" → "Endpoint"，或单击工具栏图标 ，调用该命令。

② 根据提示，在绘图区依次指定两点（结合点的多种输入方式）作为起点和终点。

③ 系统就会自动连接这两点，在绘图区生成一条任意线段。

注意：根据已知条件的不同，用户可利用绘图区上方如图 2-9 所示的 Ribbon 工具栏，在长度文本框 0.0 中输入长度和角度文本框 0.0 输入角度，来创建直线。同时也能画出连续线、水平线、垂直线。

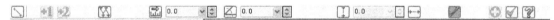

图 2-9 "直线" Ribbon 工具栏

【例 2-2】 创建一条起点坐标为原点，长度为 20mm，角度是 30°的线段。

步骤：

① 调用命令。从菜单栏选择 "Create" → "Line" → "Endpoint" 调用该命令。

② 输入坐标。根据系统提示，单击快速绘点图标，在弹出的文本框中用键盘输入坐标 (0，0)，回车。

③ 设置参数。在直线 Ribbon 工具栏的长度文本框 0.0 中输入长度 20，角度文本框 0.0 输入角度 30。

④ 完成。在"直线"操作栏中单击 （应用）按钮，绘制出的直线如图 2-10 所示。

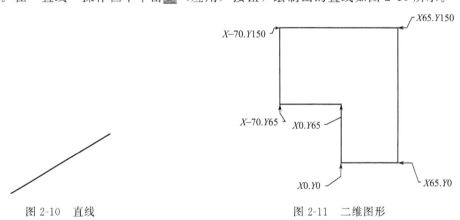

图 2-10 直线   图 2-11 二维图形

【例 2-3】 根据坐标，创建如图 2-11 所示的二维图形。

步骤：

① 打开软件，采用默认设置，即构图平面设置为俯视图，视角也设置为俯视图，工作

深度 Z 设置为 0。

② 调用命令。依次单击"绘图"→"直线"→"两端点绘线",在绘图区的上方出现直线的 Ribbon 工具栏,点选该工具栏的"连续线"图标,如图 2-12 所示。

图 2-12 直线的 Ribbon 工具栏

③ 输入坐标。

a. 单击工具栏"快速绘点"图标,出现一个文本框,用键盘输入坐标(0,0),回车。

b. 单击工具栏"快速绘点"图标,出现一个文本框,用键盘输入坐标(0,65),回车。

c. 单击工具栏"快速绘点"图标,出现一个文本框,用键盘输入坐标(-70,65),回车。

d. 单击工具栏"快速绘点"图标,出现一个文本框,用键盘输入坐标(-70,150),回车。

e. 单击工具栏"快速绘点"图标,出现一个文本框,用键盘输入坐标(65,150),回车。

f. 单击工具栏"快速绘点"图标,出现一个文本框,用键盘输入坐标(65,0),回车。

g. 连接 FA。

④ 完成轮廓图形的创建。单击点选直线 Ribbon 工具栏的确定,退出直线命令。

2.1.2.2 近距线

该命令用于在两个图素(直线、圆弧、曲线等)之间,生成一条距离最短的线段。具体操作如下。

① 在主菜单区选择"Create"→"Line"→"Closest"命令。

② 调用近距线命令后,会在绘图区上方出现近距线的 Ribbon 工具栏。

③ 在绘图区选择两个图素,就会在它们之间生成一条近距线。

2.1.2.3 角平分线

该命令用在已有的两条相交直线所形成的夹角生成角平分线。具体操作如下。

① 在主菜单区依次选择"Create"→"Line"→"Bisect"。

② 调用该命令后,绘图区上方出现"角平分线"Ribbon 工具栏,如图 2-13 所示。

图 2-13 "角平分线"操作栏

③ 根据系统提示选择需要平分的两条直线,此时鼠标分别单击直线 P1、P2,系统就会自动绘制出角平分线。

④ 根据需要,在 长度文本框中输入角平分线的长度(如果不修改,则按默认的长度)。如图 2-14 所示。

2.1.2.4 垂线

该命令用于创建出与某直线、圆弧或曲线的垂线。具体操作如下。

① 在主菜单区依次选择 "Create" → "Line" → "Perpendicular"。

② 调用该命令后，会在绘图区上方出现垂线的 Ribbon 工具栏。

③ 根据系统提示选择一条直线、曲线或者圆弧。

④ 接着系统提示请选择一个点，可参照点的输入方法采用光标捕捉或输入坐标的方式，从而确定正交线通过的点。

⑤ 在长度文本框 1.0 中输入垂线段的长度，回车。

⑥ 单击操作栏中的 ☑ 按钮，完成创建，如图 2-15 所示。

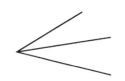

图 2-14　绘制角平分线

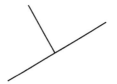

图 2-15　绘制垂线

2.1.2.5　平行线

该命令用于创建一条平行于已知直线且长度相同的直线。与偏移命令处理直线的效果相似。具体操作如下。

① 从菜单栏选择 "Create" → "Line" → "Parallel" 命令。

② 调用该命令后，绘图区上方出现如图 2-16 所示的平行线的 Ribbon 工具栏。

图 2-16　平行线的 Ribbon 工具栏

③ 根据系统提示选择一条直线。

④ 接着选择平行线要通过的点，或者通过修改平行距离 0.0 指定平行线的位置。

⑤ 单击操作栏中的 ☑ 按钮，完成创建，如图 2-17 所示。

2.1.2.6　过一点绘制切线

用于通过指定圆弧上一点，绘制一条与该圆弧相切的直线。

步骤如下。

① 依次单击菜单栏 "Create" → "Line" → "Tangent"。

② 调用该命令后，在绘图区上方出现如图 2-18 所示的切线的 Ribbon 工具栏。

图 2-17　绘制平行线

图 2-18　切线的 Ribbon 工具栏

③ 根据系统提示选择圆弧或者曲线。

④ 接着指定圆弧上的一点作为切点。

⑤ 选择曲线的第二个端点或者修改操作栏中切线长度。

⑥ 单击操作栏中的 ☑ 按钮，完成创建。

【例 2-4】 绘制如图 2-19 所示的图形。

① 打开软件，采用默认设置，即构图平面设置为俯视图，视角也设置为俯视图，工作深度 Z 设置为 0。

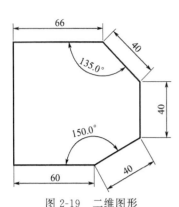

图 2-19　二维图形

② 调用命令。依次单击"绘图"→"直线"→"两端点绘线"，在绘图区的上方出现直线的 Ribbon 工具栏。

③ 绘制水平直线。本例从左下角顶点绘制。

a. 绘制长为 60 的水平线。在绘图区单击一下作为直线的起点，再单击一下作为终点。然后修改图 2-20 中的长度为 60，之后回车，单击 ➕ 应用图标。

b. 绘制长度为 40 的斜线。继续执行直线命令。单击上一条直线的终点作为该条直线的起点，然后任意位置单击作为终点。然后修改图 2-20 中的长度为 40，角度为 30°之后回车，单击 ➕ 应用图标。

c. 绘制长度为 40 的竖直线。继续执行直线命令。单击上一条直线的终点作为该条直线的起点，然后任意位置单击作为终点。然后修改图 2-20 中的长度为 40，角度为 90°之后回车，单击 ➕ 应用图标。

图 2-20　直线的 Ribbon 工具栏

d. 绘制长度为 40 的斜线。继续执行直线命令。单击上一条直线的终点作为该条直线的起点，然后任意位置单击作为终点。然后修改图 2-20 中的长度为 40，斜度为 135°之后回车，单击 ➕ 应用图标。

e. 绘制长度为 66 的水平线。继续执行直线命令。单击上一条直线的终点作为该条直线的起点，然后任意位置单击作为终点。然后修改图 2-20 中的长度为 66，斜度为 180°之后回车，单击 ➕ 应用图标。

f. 连接两个端点。完成轮廓图形的创建。单击点选直线 Ribbon 工具栏的确定，退出直线命令。

2.1.3　创建圆弧和圆

2.1.3.1　三点画圆

该命令包含两点画圆和三点画圆两种画圆的方式。可通过 Ribbon 工具栏的 🔘 图标与 🔳 图标切换。

（1）通过指定圆周上的 3 个点绘制圆

打开"已知边界点画圆"Ribbon 工具栏中的 🔘 按钮，圆弧子菜单的三点画圆命令使用指定圆上的三个点来绘制圆。通过指定圆周上的三个点，系统自动计算出半径，完成圆的创建。

步骤如下。

① 从菜单栏选择"Create"→"Arc"→"Circ 3 pts"调用该命令。

② 用户调用该命令后，出现如图 2-21 所示的"已知边界点画圆"操作栏，保证 🔘 三点画圆按钮为凸起状态，🔳 两点画圆按钮为凹下状态。

③ 在绘图区指定三个点的位置，单击操作栏中 ➕ 的应用按钮。

图 2-21　"已知边界点画圆"操作栏

④ 系统就会生成一个经过这 3 个点的圆。

（2）通过指定直径上的 2 个点绘制圆

打开"已知边界点画圆"操作栏中的■按钮，指定直径的两个端点来绘制圆。

步骤如下。

① 从菜单栏选择"Create"→"Arc"→"Circ 3 pts"调用该命令。

② 用户调用该命令后，在"已知边界点画圆"操作栏中，保证●三点画圆按钮为凹下状态，■两点画圆按钮为凸起状态。

③ 在绘图区指定 2 个点的位置，单击操作栏中的✚应用按钮。

④ 系统就会生成一个经过这 2 个点的圆。

2.1.3.2　圆心+点画圆

这是使用最多的一种画圆方式，即通过给定圆的圆心和半径来画圆。

步骤如下。

① 从菜单栏选择"Create"→"Arc"→"Circ pt+rad"。

② 调用该命令后，在绘图区上方会出现如图 2-22 所示的"绘圆"Ribbon 工具栏。

图 2-22　圆 Ribbon 工具栏

③ 根据提示，指定圆心点（通过输入圆心坐标或者鼠标在绘图区点击指定），然后指定圆周上的一点（通过输入圆心坐标或者鼠标在绘图区点击指定），也可以通过修改 Ribbon 工具栏上 ⊙ 0.0　▾ ⊟ 半径文本框数值，确定圆的半径。

④ 单击 Ribbon 工具栏上的✚应用按钮，完成。

2.1.3.3　圆心点极坐标画弧

圆心点法通过定义圆心点的位置、半径、起始角度和终止角度绘制圆弧。具体操作步骤如下。

① 依次选取"Create"→"Arc"→"Polar"→"Center pt"。

② 调用该命令后，出现如图 2-23 所示的 Ribbon 工具栏。

图 2-23　极坐标画弧操作栏

③ 根据提示，指定一个点作为圆心点，然后设置 Ribbon 工具栏中的半径、起始角度和终止角度，回车。

④ 单击 Ribbon 工具栏上的✚应用按钮，完成。

2.1.3.4　起始点法画极坐标画弧

该命令通过定义圆弧的起始点、半径、起始角度、终止角度来创建圆弧。具体操作步骤如下。

① 依次选取"Create"→"Arc"→"Polar"→"Start pt"。

② 调用该命令后，出现如图 2-24 所示的 Ribbon 工具栏。

图 2-24　Ribbon 工具栏

③ 根据提示，指定一个点作为起点，然后设置 Ribbon 工具栏中的半径、起始角度和终止角度，回车。

④ 单击 Ribbon 工具栏上的 ➕ 应用按钮，完成。

2.1.3.5　起点（终点）法极坐标画弧

通过指定起点的位置、圆弧半径、起始角度、终止角度生成圆弧。

调用该命令后，指定起点位置，然后通过修改操作栏中半径的参数、起始角度、终止角度等，完成圆弧的创建。

2.1.3.6　两点画弧

通过指定圆弧两个端点和半径来绘制圆弧。圆弧的半径必须大于两个端点的距离。在生成的四条弧中，用户必须选取所需要的圆弧。

步骤如下。

① 在菜单栏依次单击"绘图"→"圆弧"→"两点画弧"。

② 调用该命令后，出现如图 2-25 所示的 Ribbon 工具栏。

图 2-25　"两点画弧"操作栏

③ 根据系统提示，利用点的创建方法，指定圆弧两个端点的位置。

图 2-26　两点绘图示例

④ 接着根据已知条件，设置 Ribbon 工具栏中弧的半径，则圆弧被画出。

⑤ 此时绘图区出现满足要求的四条圆弧，鼠标单击需要的圆弧，则其他圆弧自动消失（不需要另外删除），如图 2-26 所示。

2.1.3.7　三点画弧

用户只需要指定三个点，则系统就会自动计算，生成一条通过这三个点的圆弧。其中指定的第一个点和第三个点将作为圆弧的端点。

2.1.3.8　切弧

该命令通过定义一个参考点（圆心、起始点或终止点）的位置、半径、起始角度、终止角度，创建一个弧。

调用该命令后，在绘图区上方出现 Ribbon 工具栏，如图 2-27 所示。

图 2-27　切弧 Ribbon 工具栏

该 Ribbon 工具栏有七种不同选项，下面一一介绍：

（1）切一物体

此命令用于绘制与一所选图素相切的180°圆弧。具体操作如下：

① 在主菜单依次选择"绘图"→"圆弧"→"切弧"，这时候在绘图区上方出现 Ribbon 工具栏，保证是按下的状态。

② 根据提示，选取被相切的直线、圆弧或曲线。

③ 利用点的输入菜单指定切点。

④ 在 Ribbon 工具栏的半径或直径文本框 设置切弧

的半径或直径。

⑤ 满足条件的 4 个半圆弧出现在绘图区，这时候人为选择，鼠标点选哪个就保留哪个，其余 3 个自行消失。

（2）经过一点

此命令用于生成一个与已知直线或圆弧相切，并经过指定点的圆弧。具体操作如下。

① 在主菜单区依次选择"绘图"→"圆弧"→"切弧"，这时候在绘图区上方出现 Ribbon 工具栏，保证 是按下的状态。

② 根据提示，选取被相切的直线、圆弧或曲线。

③ 指定切弧所经过的一点。

④ 设置 Ribbon 工具栏相关参数。

⑤ 满足条件的多个半圆弧出现在绘图区，这时候人为选择，鼠标点选哪个就保留哪个，其余切弧自行消失。

（3）中心线

此命令用于生成一个与已知直线相切，并且圆心在另一条直线上的圆。具体操作如下。

① 在主菜单区依次选择"绘图"→"圆弧"→"切弧"，这时候在绘图区上方出现 Ribbon 工具栏，保证 是按下的状态。

② 根据提示，选取一条与圆相切的直线。

③ 指定圆心所在的另一条直线。

④ 设置 Ribbon 工具栏圆弧半径的参数，回车。

⑤ 选择需要保留的圆弧。满足条件的圆出现在绘图区，这时候人为选择，鼠标点选哪个就保留哪个，其余的自行消失。

（4）动态绘弧

此命令用于生成一个与已知直线、圆、圆弧相切，并且一个端点位于该图素上，另外一个端点可以任意选择的圆弧。具体操作如下。

① 在主菜单区依次选择"绘图"→"圆弧"→"切弧"，这时候在绘图区上方出现 Ribbon 工具栏，保证 是按下的状态。

② 根据提示，选取一个圆弧要与之相切的图素（直线、圆弧或曲线）。

③ 这时候，沿着该图素出现一个动态的箭头，用于指定切弧的一个端点。

④ 根据提示指定切弧的另外一个端点，则该圆弧绘制完成。

（5）三物体切弧

此命令用于生成一个与指定三图素相切的圆弧。具体操作如下。

① 在主菜单区依次选择"绘图"→"圆弧"→"切弧"，这时候在绘图区上方出现 Ribbon 工具栏，保证 是按下的状态。

② 根据提示，分别选取要与之相切三个的图素（直线、圆弧或圆）。

③ 选择需要保留的圆弧。满足条件的圆弧出现在绘图区，这时候人为选择，鼠标点选哪个就保留哪个，其余的自行消失。

（6）三物体切圆

此命令用于生成一个与指定三图素相切的圆弧。具体操作如下。

① 在主菜单区依次选择"绘图"→"圆弧"→"切弧"，这时候在绘图区上方出现 Ribbon 工具栏，保证 是按下的状态。

② 根据提示，分别选取要与之相切三个的图素（直线、圆弧或圆）。

③ 选择需要保留的圆弧。满足条件的圆出现在绘图区，这时候人为选择，鼠标点选哪个就保留哪个，其余的自行消失。

（7）切两物体

此命令用于绘制与一个与所选两个图素相切的圆弧。具体操作如下。

① 在主菜单区依次选择"绘图"→"圆弧"→"切弧"，这时候在绘图区上方出现 Ribbon 工具栏，保证是按下的状态。

② 在切弧的 Ribbon 工具栏的半径或直径文本框中设置切弧的半径或直径。

③ 根据提示，分别选取两个被相切的图素（直线、圆弧或曲线）。

④ 此时，系统就会自动以给定的半径绘制出满足条件的一个或者多个圆弧，这时候人为选择，鼠标点选哪个就保留哪个，其余的自行消失。

2.1.4　创建曲线

2.1.4.1　手动绘制曲线

步骤如下。

① 调用命令，依次选择"绘图"→"曲线"→"手动绘制"。

② 在绘图区用鼠标顺序地点击几处（也可以通过输入点的坐标值），从而选取几个点，则系统会连接这些点生成一条曲线。

③ 回车，完成。

2.1.4.2　自动绘制曲线

步骤如下。

① 调用命令，依次选择"绘图"→"曲线"→"自动绘制"。

② 选择曲线经过的点，通过光标在绘图区按照顺序依次选取曲线经过的第一个点、第二个点和最后一个点。

③ 曲线自动创建完成。

2.1.5　创建矩形

2.1.5.1　一点法

步骤如下。

① 点击"绘图"→"矩形形状设置"调用该命令。

② 此时系统会弹出一个对话框，如图 2-28 所示。

③ 设置对话框右上角为一点，使用一点法绘制矩形。

④ 设置该对话框中的参数。输入矩形的长、宽、圆角半径、选择角度，选择矩形的形状，在九个特殊点中（分别是矩形的四个对角点、四条边的中点和一个中心点）选择一个点来定位矩形。

⑤ 通过快速绘点，打开一个文本框，在该文本框中输入该点的坐标，或者直接在绘图区点选某一个点，确定该点的位置；矩形绘制完成，按"Esc"可退出命令。

2.1.5.2　两点法

步骤如下。

① 点击"绘图"→"矩形形状设置"调用该命令。

② 在弹出的对话框中，设置对话框右上角为两点，使用两点法绘制矩形，如图 2-29 所示。

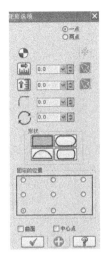

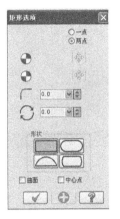

图 2-28　一点法画矩形对话框　　　　图 2-29　两点法画矩形对话框

③ 设置该对话框中的参数。输入矩形的圆角半径、选择角度，选择矩形的形状。

④ 通过快速绘点，打开一个文本框在该文本框中分别输入矩形两个对角点的坐标，或者直接在绘图区依次点选两个点；矩形绘制完成，按"Esc"可退出命令。

【例 2-5】　绘制一个长 45、宽 45、右下角坐标是（0，85）的矩形。

步骤：

① 调用菜单栏"绘图"→"矩形形状设置"。

② 这时会在绘图区的左侧出现矩形对话框，按图 2-30 设置。在对话框中的第一个文本框中输入矩形的长 45，第二个文本框中输入矩形的宽 45。

③ 右下角定位。在定位的位置处，需选中对话框中的右下角点，表示以右下角来定位，然后鼠标左键单击工具栏"快速绘点"图标，出现一个文本框，用键盘输入坐标（0，85），

0,85

④ 点击对话框中的对号，完成该矩形的绘制，如图 2-31 所示。

图 2-30　矩形形状设置对话框　　　　图 2-31　绘制矩形

2.1.6 创建多边形

该命令用于绘制一个边数已知、内接圆或外切圆半径已知的正多边形。

【例2-6】 创建一个中心点坐标是（20，1），内接圆半径为16的正八边形。

步骤如下。

① 点击菜单栏的"绘图"→"多边形"命令。

② 出现"多边形选项"对话框，按图2-32设置相应选项及参数，即设置正多边形为8，单击外切按钮，设置外接圆半径为16。

③ 输入基准点坐标，单击快速绘点 按钮，在弹出的文本框中用键盘输入中心点坐标（20，1），  回车。

④ 单击"多边形选项"对话框左下角的对勾，完成，结果如图2-33所示。

图2-32 "多边形选项"对话框

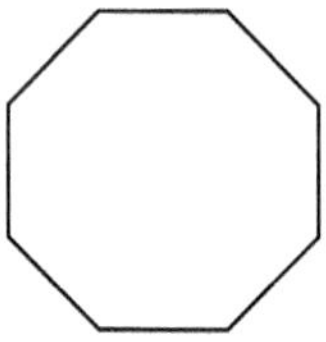

图2-33 正多边形

2.1.7 创建椭圆

步骤如下。

① 选择主菜单"绘图"→"椭圆"命令。

② 在弹出的对话框中设置椭圆的长轴半径、短轴半径等参数。

③ 输入基准点坐标，单击快速绘点 按钮，在弹出的文本框中用键盘输入中心点坐标，回车。

④ 点击"椭圆选项"对话框左下角的对勾，完成。

2.1.8 创建文字

利用该命令生成的文字和尺寸标注中的文字是不同的，这里绘制的文字是由线、弧、曲线组成的一个图形，可以直接生成刀具路径并用于加工，如利用数控机床雕刻出牌匾上的文字，用户可实现绘制出这些文字，然后设置参数进行雕刻即可。

图2-34 文字对话框

操作步骤如下。

① 选择主菜单"绘图"→"绘制文字"命令。

② 弹出如图2-34所示的对话框。

③ 根据已知文字，在弹出的对话框中选择字体、输入文字内容、设置文字的对齐方式、文字的高度、文字的间距等参数。

a. 如果文字的对齐方式是水平或竖直，还需要输入起始点坐标。单击快速绘点 按钮，在弹出的文本框中用键盘输入该点坐标，回车。

b. 如果文字的对齐方式是圆弧顶部或圆弧底部，还需要在该对话框中输入圆弧半径，并在绘图区指定圆弧的圆心。

④ 绘制结束，按"Esc"退出命令。

2.1.9 创建边界盒

在 Mastercam X6 系统中，边界框的绘制常用于加工操作中。用户可以用边界框命令得到工件加工时所需材料的最小尺寸值，以便于加工时的工件设定（Stock Setup）和装夹定位。该命令根据图形的最长、最宽、最高尺寸自动生成一个长方体形状的框架。在主菜单区依次选择"绘图"→"画边界盒"，就会弹出如图 2-35 所示的对话框，下面对该对话框各选项解释如下：

• 展开：设置边界盒相对包容对象的偏移距离，可分别指定边框在 X、Y、Z 方向相对被包容对象的偏移距离。

• 形状：设置生成的边界盒的形状为圆柱体或长方体。边界框有两种形式：矩形方式，即用直线绘制的边界框；圆柱方式，即用圆弧绘制的边界框。

步骤：

① 选择"绘图"→"画边界盒"，调用命令。

② 在边界盒对话框中单击选择图素按钮，然后在绘图区中选择需要包含在边界框中的图素，再按回车键；或者在边界框对话框中选择所有图素选项，将会使所有图素包含在边界框中。

如图 2-36 所示，分别是边界不展开和展开的示例。

图 2-35 边界盒对话框

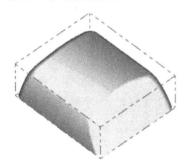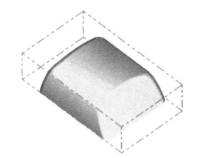

图 2-36 边界盒图例

2.1.10 尺寸标注

图形标注主要包括尺寸标注、文字说明、符号说明和注释等内容。利用 Mastercam X5 系统的图形标注功能，可以方便快捷地对几何图形进行各种形式的尺寸标注、添加说明文字、添加说明符号和进行图案填充，从而更完整、准确地表达设计者的设计意图。

2.1.10.1 尺寸标注

要实现尺寸标注，可以在主菜单区依次选择"绘图"→"尺寸标注"→"标注尺寸"的不同命令，也可以在"Drafting"工具栏中单击"快速标注"按钮，利用屏幕提示和带状工具栏显示的图标按钮进行相关的设置，快速完成尺寸标注及编辑功能。尺寸标注的子菜单提供了 11 种不同的尺寸标注方式，如图 2-37 所示。

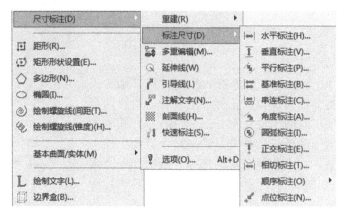

图 2-37 "尺寸标注"子菜单

① 水平标注：用于标注两点间的水平距离。操作步骤如下。

a. 在主菜单中依次单击"绘图"→"尺寸标注"→"标注尺寸"→"水平标注"调用命令。

b. 选取被标注的两个端点 1、端点 2。

c. 上下移动鼠标，使标注到达合适位置后单击左键，系统完成水平标注。

d. 标注完成后，按"Esc"键返回"尺寸标注"子菜单。

② 垂直标注：用于标注两点间的垂直距离。操作步骤如下。

a. 在主菜单中选取"绘图→尺寸标注→标注尺寸→垂直标注"命令。

b. 选取被标注的两个端点 1、端点 2。

c. 左右移动鼠标使标注至合适位置，单击左键，系统完成两点的垂直标注。直线的垂直标注操作与水平标注操作基本相同。

③ 平行标注：用于标注两点间的距离。操作步骤如下。

a. 在主菜单中选取"绘图"→"尺寸标注"→"标注尺寸"→"平行标注"命令。

b. 选取点 1、选取点 2。

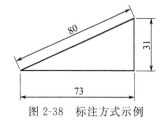

图 2-38 标注方式示例

c. 通过移动鼠标使标注至合适位置，单击鼠标左键，系统完成两点间距离标注，直线的平行标注操作与水平操作基本相同。

如图 2-38 所示为 3 种标注方式示例。

④ 基准标注："基准标注"命令以已有的线性标注（水平、垂直或平行标注）为基准对一系列点进行线性标注，标注的特点是各尺寸为并联形式。操作步骤如下。

a. 从主菜单中选取"绘图"→"标注"→"标注尺寸"→"基准标注"命令。

b. 选取已有的尺寸标注。

c. 选取第二个尺寸标注端点 P1，系统自动完成 A1 与 P1 间的水平标注。

d. 依次选取点 P2、P3 可绘制出相应的水平标注。

e. 单击"Esc"键返回。

⑤ "串连标注"："串连标注"命令也是以已有的线性标注为基准对一系列点进行线性标注，标注的特点是各尺寸表现为串连形式。操作步骤如下。

a. 从主菜单中选取 "绘图"→"标注"→"标注尺寸"→"串连标注" 命令。

b. 选取已有的尺寸标注。

c. 选取第二个尺寸端点 P1。

d. 在 A2 和 P1 间按水平标注方法，移动鼠标至合适位置单击左键，系统绘制出标注。

e. 选取点 P2 可绘制出相应的串连水平标注。

f. 按 "Esc" 键返回。

如图 2-39 所示为基准标注与串连标注 2 种标注方式示例。

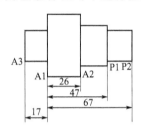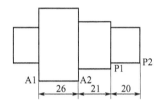

图 2-39 标注方式示例

⑥ 圆弧标注："圆弧标注" 命令用来对圆或圆弧进行标注。操作步骤如下。

a. 从主菜单中选取 "绘图"→"标注"→"标注尺寸"→"圆弧标注" 命令。

b. 选取圆或圆弧，此时可以选择直径标注或半径标注。

c. 用鼠标拖动标注至合适位置后单击鼠标左键，完成圆的标注。

d. 按 "Esc" 键返回。圆的标注示例如图 2-40 所示。

⑦ "角度标注"："角度标注" 命令用来标注两条不平行直线的夹角。操作步骤如下：

a. 从主菜单中选取 "绘图"→"标注"→"标注尺寸"→"角度标注" 命令。

b. 选取直线 L1。

c. 选取直线 L2（或 "相对" 选项）。

d. 用鼠标拖动标注至合适位置后单击鼠标左键，完成角度标注。角度标注示例如图 2-41 所示。

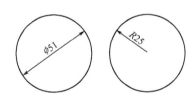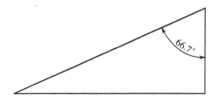

图 2-40 圆弧标注方式示例　　　　　图 2-41 角度标注方式示例

⑧ "相切标注"："相切标注" 命令用来标注出圆弧与点、直线或圆弧等分点间水平或垂直方向的距离。操作步骤如下。

a. 从主菜单中选取 "绘图" → "标注" → "标注尺寸" → "相切标注" 命令。

b. 选取直线 L1。

c. 选取圆 A1。

d. 用鼠标拖动标注至合适位置，单击鼠标左键，完成相切标注。

⑨ 正交标注："正交标注" 命令可通过选取两条平行直线或选取 1 条直线与 1 个点来创建正交尺寸标注。

⑩ 顺序标注："顺序标注" 命令以选取的一个点为基准，可以标注出一系列点与基准点

的相对距离。该选项绘制各点与基准点在水平方向的距离，操作步骤如下。

　　a. 在"标注尺寸"子菜单中选取"顺序标注"→"水平"命令。

　　b. 选取基准点 P1，移动该点的基准标注至合适位置，单击鼠标左键。

　　c. 依次选取顺序标注点 P2、P3 点，移动标注至合适位置后，单击鼠标左键确定。

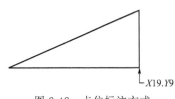

图 2-42　　点位标注方式

　　⑪ 点位标注："点位标注"命令用于标注出选取点的坐标。可以通过设置只标注 X、Y 坐标，也可以设置为 X、Y、Z 坐标都标注。操作步骤如下。

　　a. 在"标注尺寸"子菜单中选取"点位标注"命令。

　　b. 选取一个点，系统显示该点坐标。

　　c. 用鼠标拖动坐标至合适位置单击鼠标左键确定。

　　d. 完成点标注，如图 2-42 所示。

2.1.10.2　图形注释

　　几何图形中，除了尺寸标注外，还需要添加某些图形注释（如技术要求等）来对图形进行说明。在 Mastercam X6 软件中，Drafting 子菜单的 Note 命令用来在图形中添加图形注释。

　　依次单击"Drafting"→"Note"，调用命令，就会弹出如图 2-43 所示的对话框。从中可以输入或导入文本及设置图形注释类型。完成后单击 ✓ 按钮退出对话框，然后通过移动鼠标将图形注释移动到指定位置，在单击鼠标左键即可。

　　（1）输入注释文字

　　输入注释文字的操作步骤如下。

　　① 从主菜单中选择"绘图"→"标注"→"注释"命令。

　　② 系统打开"注释文字"对话框，从中选择图形注释的类型，并设置相应的参数。

图 2-43　"注释文字"对话框

　　③ 在"注释"文本框中输入注释文字。

　　④ 单击"确定"按钮，在绘图区拖动图形注释至指定位置后单击鼠标左键，即可按设置的类型绘制图形注释。

　　（2）输入文字的方法

　　在"注释文字"对话框中，有 3 种输入注释文字的方法。直接输入：将鼠标移至"注释"编辑框中，直接输入注释文字。导入文字：单击"载入档案"按钮，选择一个文字文件后，单击"打开"按钮，即可将该文字文件中的文字导入到"注释"编辑框中。添加符号：单击"增加符号"按钮，打开"增加符号"对话框，用鼠标选择需要的符号，即可将该符号添加到"注释"编辑框中。

　　（3）设置注释类型

　　该软件提供了如下 8 种不同图形注释的类型。

　　① 单一注释：仅可一次注释文字。

　　② 连续注释：可以连续注释文字。

　　③ 单一引线：可以绘制带单根引线的注释文本。

　　④ 分段引线：可以绘制带折线引线的注释文字。

　　⑤ 多重引线：绘制带多根引线的注释文字。

⑥ 仅单一引线：只可以绘制引线。

⑦ 仅分段引线：只可以绘制折线。

⑧ 仅多重引线：只可以绘制多根引线。

2.1.10.3 快捷尺寸标注

Mastercam 在图形标注命令中的一个主要功能是可以使用快捷方式进行尺寸标注和编辑尺寸标注。

尺寸标注 Ribbon 工具栏中各图标按钮的功能，如图 2-44 所示。

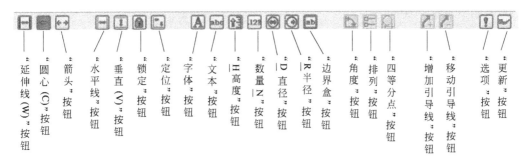

图 2-44 尺寸标注 Ribbon 工具栏

（1）快捷尺寸标注

快捷方式可以进行除基准标注、串连标注和顺序标注外的所有尺寸标注。在进行"快速标注"时，选取的几何对象不同，尺寸标注类型也随之变化。例如选取直线时，标注为线性尺寸；选取圆或圆弧时，标注为直径或半径；当选取直线和圆时，标注为相切尺寸。

操作步骤如下。

① 从主菜单中选取"绘图"→"标注"命令。

② 选取点、直线、圆弧、被选对象高亮显示。

③ 用鼠标将标注移动至合适位置单击左键即完成标注。

（2）编辑尺寸

选择"快速标注"命令后，如果选取的对象不是图素而是某一个尺寸标注，一方面可以通过拖动鼠标来移动该尺寸标注的位置，另一方面可以利用带状工具栏中的图标按钮，改变已有尺寸标注的属性。如改变尺寸文字的字高、小数位数、箭头位置等。

在快捷尺寸标注时，屏幕上部的提示区显示一个提示菜单，自上而下分别为线性标注、圆标注和角度标注时所显示的提示菜单，选择不同的选项可以改变尺寸标注的属性。

主要选项功能如下。

①（A）rrows 箭头位置选项 该选项用来改变尺寸标注的箭头位置。当按〈A〉键后，尺寸界线之内的箭头将移至尺寸界线之外，再次键入〈A〉，箭头将移至尺寸界线之内。

②（B）ox 显示方块选项 按〈B〉键后，该选项用一个临时的方框来代替尺寸标注文字，从而增加移动尺寸的速度，当尺寸标注的位置确定后将恢复实际的尺寸标注文字。当再次键入〈B〉，则恢复尺寸标注文字的显示。

③（C）tr 文字对中选项 该选项用来控制标注尺寸文字的对中位置。默认状态尺寸标

注文字居于尺寸线中部，按〈C〉键后，则尺寸文字随光标移动，可在合适位置处单击鼠标左键确定位置；再次键入〈C〉，尺寸文字返回尺寸线中部。

④（D）ia 和（R）ad 直径和半径选项　该选项用来改变直径或半径的标注形式。对于圆标注，按〈D〉键后，尺寸标注转换为直径标注，按〈R〉键后，尺寸标注转换为半径标注。对于线性标注，键入〈D〉或〈R〉后，则分别在尺寸文字前增加或取消直径"ϕ"和半径"R"标记。

⑤（F）ont 选项　当拖动一个尺寸标注、注释或标签时，按〈F〉键后，打开"编辑字型"对话框，在下拉列表框中选择不同字体可以改变尺寸标注、注释或标签文字的字体，右边图框显示所选字体的范例。

⑥（H）eight 高度选项　该选项用来改变尺寸标注文字的高度。按〈H〉键后，打开"字体高度"对话框，可以在输入框中输入新的文字高度，单击"确定"按钮确定。当选中"调整箭头及公差的高度"复选框，则同时改变箭头和公差文字的高度。

⑦（L）ock 和 un（L）ock　当标注处于开放状态（提示菜单中有"解除"选项）时，可以通过拖动标注来改变线性、角度和圆标注的类型；当标注处于固定状态（提示菜单中有"锁止"选项）时，仅能改变标注的位置。

⑧ hor（l）z 和（V）ert 选项　在拖动编辑线性标注（包括相切标注）时，选择 hor（l）z 选项可将线性标注的类型固定为水平标注，选择（V）ert 选项时，可将线性标注的类型固定为垂直标注。

⑨ angl（E）角度项　该选项用来改变角度标注的范围。在拖动角度尺寸标注时，可以按〈E〉键来改变角度尺寸范围是大于180°还是小于180°。

⑩（N）um 选项　该选项用来改变数值的小数点位数。在拖动尺寸标注时，按〈N〉键后，在提示区输入新的数值，按〈Enter〉键，即可改变当前数值的小数点位数。

⑪（O）rientation 选项　该选项用于尺寸标注的定位角度（-90°～+90°）。

⑫（P）oint 选项　该选项用于标注指定点到某图素的尺寸标注。

在拖动线性标注或圆标注时，按〈P〉键，再选取一个点，将会发生以下的变化：两点间的线性尺寸标注将变为角度尺寸标注；一条直线的线性尺寸标注将变为正交尺寸标注；一条弧或圆的尺寸标注将变为相切标注。

⑬（T）ext 选项　该选项用于重新编辑尺寸文字。当拖动一个尺寸时，按下〈T〉键，系统打开"编辑尺寸文字"对话框来重新编辑尺寸文字。当拖动一个注释或标签时，打开"注释文字"对话框来进行文字编辑。

⑭（W）it 选项　该选项用来改变尺寸界线的显示状态。默认状态下，尺寸界线为两条，按〈W〉键，可以改变尺寸界线的显示状态，其显示状态按"无""第一条""第二条""两条"循环变化。

⑮（G）lobals 和（U）pdate 选项　选择"整体设定"选项后，打开"尺寸标注整体设定"对话框，可以通过该对话框来改变图形标注的所有属性。

选择"更新参数"选项后，系统用当前设置对图形标注进行改变，如尺寸文字高度、箭头位置、尺寸界线状态等设置的改变来替代原图形标注设置。

标注编辑示例：图 2-45 为选取不同几何对象时的尺寸标注类型。

2.1.10.4　绘制尺寸界线和指引线

"尺寸标注"子菜单中的"尺寸界限"命令用来绘制尺寸界线，该命令的使用方法与绘制直线命令"直线"中的"两点连线"选项相同。但"尺寸界限"命令绘制的是尺寸界线而

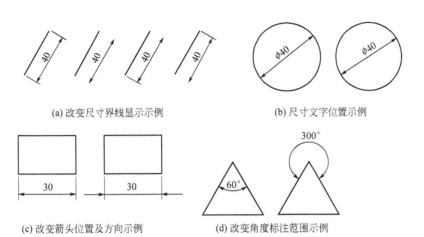

(a) 改变尺寸界线显示示例　　　　　　(b) 尺寸文字位置示例

(c) 改变箭头位置及方向示例　　　　(d) 改变角度标注范围示例

图 2-45　选取不同几何对象时的尺寸标注类型

不是直线，用户可以使用"修整"子菜单中的"打断"命令中的"标注和引线"选项将尺寸界线转换为直线。"尺寸标注"子菜单中的"引导线"命令用来绘制引线，其功能和使用方法与在"注释"命令中选择"仅分段引线"选项相同。

2.1.10.5　剖面线

图案填充指在选择的封闭区域内绘制指定图案、间距及旋转角的剖面线图案。操作步骤如下：①从主菜单中选择"绘图"→"标注"→"剖面线"命令，显示"剖面线"对话框。②设置"剖面线"对话框，图样选取"铸铁"；间距选择（1～3）；角度选取 45°或 135°。③选取要进行填充的封闭边界（可以选取多个封闭边界）后，选取起始点。④选择"执行"选项，系统完成图案填充。

2.1.10.6　编辑图形标注

编辑图形标注的方法共有 3 种，前面介绍的快捷标注编辑方式是很重要的一种方法，另外还有两种编辑方式：多项选择编辑和文字编辑。

多项选择编辑是利用"整体设定"对话框来编辑选择的一个或多个图形标注。选择主菜单中的"绘图"→"标注"→"多重编辑"选项，选取需要编辑的一个或多个图形标注后，选择"执行"选项，系统打开"尺寸标注整体设定"对话框，可以通过改变图形标注的设置来更新选择的图形标注。这与快捷方式中的"整体设定"选项功能相同。

编辑文字选项用来编辑尺寸标注、注释和标签中文字的内容。选择主菜单区中的"绘图"→"标注"→"编辑文字"命令，将"编辑文字"选项设置为 Y，选取一个尺寸标注、注释或标签后，系统打开"编辑尺寸文字"对话框或"编辑字型"对话框来进行文字编辑，这与快捷编辑方式中的"文字"选项功能相同。将"编辑文字"选项设置为 N，选取任何一个图形标注（图形填充、单个箭头和单个尺寸界线除外），系统即可直接进入快捷方式对图形标注进行编辑。

2.1.10.7　标注样式设置

在进行图形标注时，可以采用系统的默认设置，也可以在标注前或标注过程中对其进行设置。设置图形标注有两个途径，选择"尺寸标注"子菜单中的"（G）整体设定"选项或在快捷标注中选择"（G）整体设定"选项。

选择"尺寸标注"子菜单中的"整体设定"选项，可以打开如图 2-46 所示的"尺寸标注整体设定"对话框，图形标注设置对此后的所有标注有效；在快捷标注中选择"（G）整体设定"选项，打开"尺寸标注整体设定"对话框进行设置后，图形标注设置仅对当前标注有效。也可以选择"（U）更新参数"选项，改变此后的所有标注。

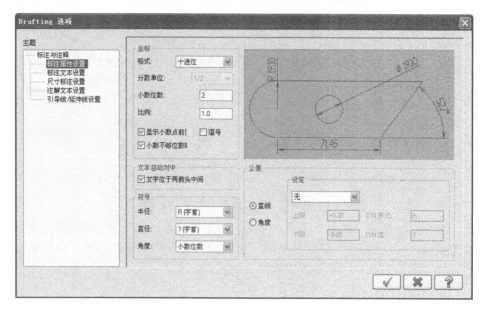

图 2-46 "尺寸标注整体设定"对话框

下面介绍"尺寸标注整体设定"对话框中各个选项卡的功能及设置方法。

（1）尺寸标注属性设置

"尺寸标注整体设定"对话框中的"尺寸标注属性设置"选项卡，利用此对话框可对尺寸标注的属性进行设置对其选项卡的各个选项说明如下。

- "坐标"栏：该栏用来设置长度尺寸文本的格式。
- "文字自动对中"栏：当选中"文字位于两箭头中间"复选框，系统自动将尺寸文字放置在尺寸界线的中间，否则可以移动尺寸文字的位置。
- "符号"栏：该栏用来设置"半径""直径"及"角度"的尺寸文字格式。
- "公差"栏：该栏用来分别设置"直线"及"角度"的公差格式。

（2）设置尺寸文字

"尺寸标注整体设定"对话框的"尺寸标注"选项卡，用来设置尺寸文字的属性。单击"标注文本设置"标题，将显示"标注文本设置"选项卡。如图 2-47 所示。该选项卡中各选项含义如下：

- "大小"栏：用来设置尺寸文字大小的规格。
- "线"栏：用于设置在字符上添加基准线的方式。
- "书写方向"栏：用于设置不同的字符排列方向。
- "字型"栏：用于设置尺寸文字的字体。
- "点位标注"栏：用来设置点坐标的标注格式。
- "以自动模式显示"复选框用来设置在快捷尺寸标注时是否进行点标注。
- "文字定位方式"栏：用于设置尺寸文字的位置方向。
- "顺序标注"栏中的"显示负号"复选框用来设置顺序标注时尺寸文字前面是否带有"-"号。
- "倾斜"栏：用于设置文字字符的倾斜角度。

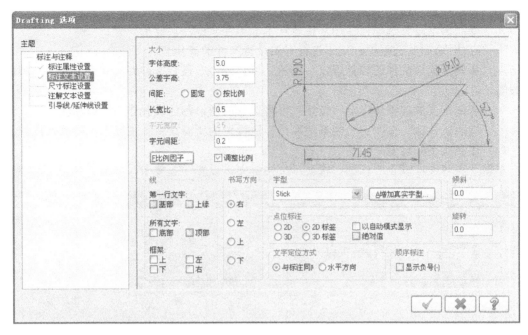

图 2-47　"标注文本设置"选项卡

- "旋转"栏：用于设置文字字符的旋转角度。

（3）尺寸标注的设置

单击"尺寸标注设置"标题，将显示"尺寸标注设置"选项卡，如图 2-48 所示。

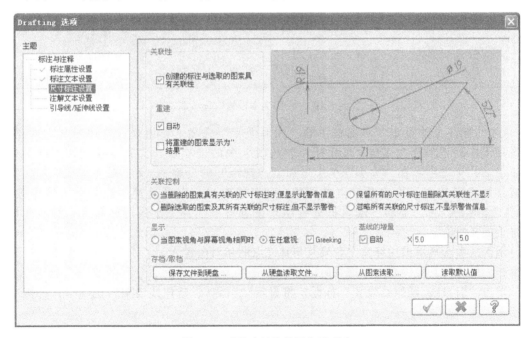

图 2-48　"尺寸标注设置"选项卡

"尺寸标注整体设定"对话框的"设定"选项卡，用来设置图形标注中的其他参数。其各选项的功能和含义如下。

- "关联性"选项栏：用来设置图形标注的关联属性。

- "显示"选项栏：用来设置图形标注的显示方式。
- "基线的增量"选项栏：用来设置在基准标注时标注尺寸的位置。
- "存档/取档"选项栏：用来进行有关设置文件的操作。
- "从硬盘读取文件的整体设定"按钮：可打开一个设置文件并将其设置作为当前的标注设置。
- "从图素读取的整体设定"按钮：可将选取的图形标注设置作为当前标注设置。
- "读取默认值"按钮：可使系统取消标注设置的所有改变，恢复系统的默认设置。

（4）注释文字的设置

单击"注解文本设置"标题，将显示"注解文本设置"选项卡，如图 2-49 所示

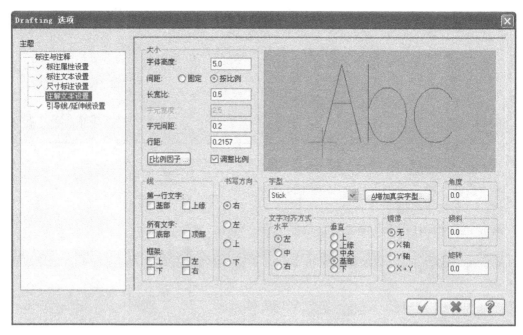

图 2-49 "注解文本设置"选项卡

"尺寸标注整体设定"对话框中的"注解文字"选项卡，用来设置注释文字的属性。其选项卡中的选项及含义与"尺寸标注"选项卡中的选项及含义基本相同，不同的是增加了下面几个选项：在"大小"栏中增加了"行距"的设置。"文字对齐方式"栏：用来设置注释文字相对于指定基准点的位置。"镜像"栏：用来设置注释文字的镜像效果。"角度""倾斜"和"旋转"输入框分别用来设置整个注释文字的旋转角度、倾斜角度和文字旋转角度。

示例框中会显示出注释文字效果及与基准点的相对位置。

（5）尺寸线、尺寸界线和箭头的设置

单击"引导线/延伸线设置"标题，将显示"引导线/延伸线设置"选项卡，如图 2-50 所示。

"尺寸标注整体设定"对话框的"引导线/延伸线设置"选项卡，用来设置尺寸线、尺寸界线及箭头的格式。选项卡的各项含义如下。

①"引导线"栏　该栏用来设置尺寸标注的尺寸线及箭头的格式。"引导线形式"选项：用来设置尺寸线的样式。当选择"标准"单选钮时，尺寸线由两条尺寸线组成；当选择"选取实体"单选钮时，尺寸线由一条尺寸线组成。"引导线的显示"选项：用来设置尺寸线的显

示方式。"箭头的方向"选项：用来设置箭头的位置。"在角度引线之后加上延伸线"复选框被选中时，角度标注尺寸文字位于尺寸界线之外时，尺寸文字与尺寸界线有连线；否则，尺寸文字与尺寸界线无连线。

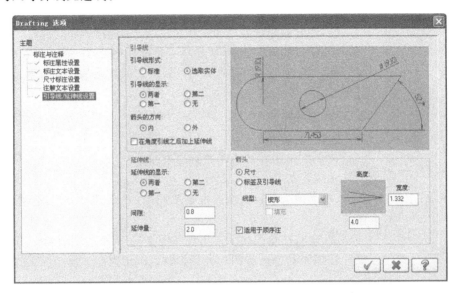

图 2-50　"引导线/延伸线设置"选项卡

②"延伸线"栏　该栏用来设置尺寸界线的格式。"延伸线的显示"选项：用来设置尺寸界线的显示方式，与快捷标注菜单的（W）it 选项功能相同。

a."间隙"输入框：用来设置尺寸界线的间隙。

b."延伸量"输入框：用来设置尺寸界线的延伸量。

③"箭头"栏　该栏用于分别设置尺寸标注和图形注释中的箭头样式和大小。当选择"尺寸"单选钮时，进行尺寸标注中箭头样式和大小的设置；当选择"标签及引导线"单选钮时，进行图形注释中箭头样式和大小的设置。"线型"下拉列表框：用来选择箭头的样式，如果箭头的外形是封闭的，可以选择"Filled"复选框来设置是否对箭头进行填充。"高度"和"宽度"输入框：分别用来设置箭头的高度和宽度。"适用于顺序注"复选框：用于进行顺序标注时尺寸线是否带有箭头。

2.2　二维图形的编辑

前面学习了二维图形的绘制，但是要绘制出一般的工程图，还需要对基本的二维图进行删除、修剪/打断、偏移、复制、旋转、镜像等编辑操作。Mastercam X6 提供了以下编辑命令，下面一一介绍。

2.2.1　删除

绘制图形时，难免出错，这时就需要用到删除命令。依次选择菜单栏的"编辑"→"删除"就可以调用该命令，下面介绍它的子菜单。

①删除选择图素：该命令就是通常说的删除，也是最常用的一个。

步骤如下。

a.调用命令：依次选择菜单栏的"编辑"→"删除"→"删除图素"。

b.选择需要删除的图素，可以鼠标点选，也可以利用窗选、串连选择等多种选择方式，

图 2-51 "单一选取消"
对话框

第 1 章有介绍，回车，就可以删除不需要的图素。

② 删除重复图素：就是将当前绘图区中的重复图素进行删除，只保留其中的一个同类型的图素。

③ 回复删除：用户恢复被误删的图素。

④ 恢复删除指定数量的图素：可以撤销删除的数量。

⑤ 恢复删除限定的图素：可通过如图 2-51 所示的"单一取消"对话框，设置几何图形的属性，恢复之前删除的并且符合设置属性的已删除几何图形。

2.2.2 倒圆角

2.2.2.1 倒圆角

该命令用于在两个图素之间倒圆角。

步骤如下。

① 调用命令：依次点击菜单栏中的"绘图"→"倒圆角"→"倒圆角"。

② 这时在绘图区上方出现如图 2-52 所示的"圆角"Ribbon 工具栏，在该工具栏设置圆角半径参数、圆角类型、修剪与否参数。

图 2-52 倒圆角操作栏

③ 根据提示选择需要倒圆角的两个图素（先选哪个图素都可以）。

④ 完成，按"Esc"退出命令。

2.2.2.2 串连倒圆角

"串连倒圆角"功能就是对串连起来的所有图素进行倒圆角，且每个圆角的形状及大小均相同。

步骤如下。

① 调用命令：依次点击菜单栏中的"绘图"→"倒圆角"→"串连倒圆角"命令。

② 这时在绘图区上方出现如图 2-53 所示的"圆角"Ribbon 工具栏，在该工具栏设置圆角半径参数、圆角类型、修剪与否参数。

图 2-53 "串连倒圆角"操作栏

③ 在绘图区串连选择需要串连倒圆角的几何图形。

④ 完成，按"Esc"退出命令。

【例 2-7】 对如图 2-54 所示矩形倒半径为 5mm 的圆角。

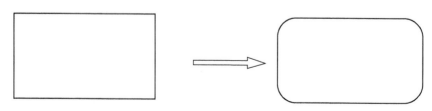

图 2-54 矩形

步骤如下。

① 依次单击菜单栏中的"绘图"→"倒圆角"→"串连倒圆角"命令，打开如图 2-55 所示的"圆角"操作栏。

图 2-55 "圆角"操作栏

② 利用如图 2-56 所示的"串连选项"对话框，在绘图区串连选择该矩形，然后单击"串连选项"对话框的确定按钮。

③ 最后通过"圆角"操作栏中的 按钮，修改圆角半径为 5mm。

④ 在"圆角"操作栏中，单击 按钮，完成创建。

2.2.3 倒斜角

用于创建斜角的命令也有两种："倒角"和"串连倒角"，前者一次只能倒一个角，后者可对所选的串连图素的所有转角一次完成倒斜角操作。

"倒角"功能就是使两条相交的直线产生等距或不等距的倒角，其倒角的距离是从两条直线的交点处开始计算的（AutoCAD 中称"倒直角"）。

2.2.3.1 倒角

步骤如下。

① 调用命令：依次单击菜单栏中的"绘图"→"倒角"→"倒角"。

② 这时在绘图区上方出现如图 2-57 所示的"倒角" Ribbon 工具栏，在该工具栏设置倒角距离等参数。

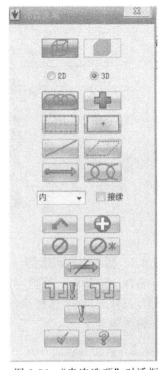

图 2-56 "串连选项"对话框

图 2-57 "倒角" Ribbon 工具栏

a. 如果两个倒角距离一样，则设置为单一距离，输入一个距离。

b. 如果两个倒角距离不一样，则设置为不同距离，输入两个距离。

③ 根据提示选择需要倒角的两个图素。

a. 如果两个倒角距离一样，先选哪个图素都可以。

b. 如果两个倒角距离不一样，则要按照对应边按照顺序选择。

④ 完成，按"Esc"退出命令。

2.2.3.2 串连倒角

"串连倒角"功能就是对串连起来的所有图素进行倒角，它分为单一距离和宽度两种。该命令可一次在所选串连几何图形的所有转角都一次性倒出斜角。步骤与串连倒圆角类似。

2.2.4 修剪/延伸

该命令用于对生成的图素进行修剪。使用该命令，用户根据要求可对复杂图形进行修改。

修剪/延伸的步骤：在菜单栏依次选择"编辑"→"修剪/打断"命令，就会打开 Trim 子菜单，如图 2-58 所示。

图 2-58 "修剪/打断"下一级菜单

2.2.4.1 修剪/打断/延伸

选择"编辑"→"修剪/打断"菜单，从弹出的下级菜单中选择相应的命令即可。当单击"修剪/延伸/打断"按钮后，将会弹出"修剪/延伸/打断"工具栏，如图 2-59 所示。对该工具栏说明如下。

图 2-59 "修剪/延伸/打断"工具栏

① 修剪一图素 ：根据选定的边界只对单个图素进行，修剪时对选定的边界不作修剪。

【例 2-8】 对如图 2-60 所示的图形进行修剪，将水平线上方的一段竖直线删除。

步骤如下。

a. 调用命令，在菜单栏依次选择"编辑"→"修剪/打断"→"修剪/打断/延伸"。

b. 在弹出的 Ribbon 工具栏中，确保 为按下的状态。

c. 鼠标点选竖直线作为被修剪的直线，注意点选在竖直线的下端。

d. 选择作为修剪边界的水平线。

e. 完成修剪如图 2-60 所示。

② 修剪两图素 ：该命令对两个图素同时进行修剪，互为边界进行修剪。

【例 2-9】 对如图所示的图形进行修剪，保留水平线左边的一段，竖直线下方的一段。

图 2-60 修剪一物体

步骤如下。

a. 调用命令, 在菜单栏依次选择 "编辑" → "修剪/打断" → "修剪/打断/延伸"。

b. 在弹出的 Ribbon 工具栏中, 确保 ▨ 为按下的状态。

c. 根据提示选择被修剪的线段, 注意点选在保留的那一段, 鼠标点选竖直线的下段, 水平线的左段。

d. 完成修剪如图 2-61 所示。

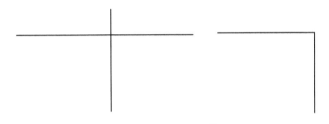

图 2-61 修剪两物体

③ 修剪三图素 ⊞: 该命令对三个图素同时进行修剪。图 2-62 (a) 是修剪前的图形, 图 2-62 (b) 是修剪后的图形。

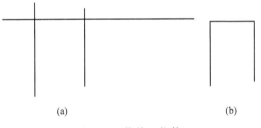

(a)   (b)

图 2-62 修剪三物体

④ 分段删除 ⊞: 该命令将被选择的图形自动在相交处分割, 这时候不需要打断, 就可以用鼠标点哪一段就删哪段。

⑤ 修剪到点 ⯈: 该命令将被选择的图形修剪至某一个特定的点。

2.2.4.2 多物修整

"多物修整" 功能, 就是能够同时对多个图素进行修剪操作。

2.2.4.3 两点打断

前面要对线条进行打断, 需要有相交的图素, 而 "两点打断" 功能即可将指定的图素在指定的位置处打断。

步骤: 首先依次选择 "编辑" → "修剪" → "两点打断", 调用该命令, 然后选择被打断图素, 再指定断点 (在需要打断的位置点击一下), 完成。

2.2.4.4 在交点处打断

"在交点处打断"功能，就是将绘图区中所有相交的图素以交点处打断。

2.2.4.5 打成若干段

"打成若干段"功能，就是将直线、圆弧打断成多段。其相应的操作栏如图 2-63 所示。

图 2-63 "打成若干段"操作栏

图 2-64 "全圆打断"对话框

2.2.4.6 打断全圆

"打断全圆"功能，就是将所选择的圆打断成多段圆弧，如图 2-64 所示。

2.2.4.7 恢复全圆

"恢复全圆"功能，就是将一段圆弧恢复成圆。

2.2.5 平移

"平移"功能就是将选择的图素进行移动、复制或连接操作。该命令是将所选图形移动到指定的位置，仅对原图进行位置移动，但不改变原图形尺寸、形状、方向。

步骤：

① 依次选取菜单栏中的"Xform"→"Translate"（"转换"→"平移"）命令。

② 根据系统提示选择被平移的图形，回车。

③ 在弹出的如图 2-65 的对话框中进行设置。

④ 完成平移。

下面对几种平移方式进行说明。

a. 直角坐标方式平移：使用直角坐标方法来定义平移方向。需要输入一个直角坐标，然后图形以该坐标为相对坐标进行平移。

b. 两点间平移：使用平移起点和终点来进行平移。需要指定平移的起点和终点，然后图形平移到终点位置。

c. 极坐标方式平移：需要输入平移距离和角度，即一个极坐标，然后图形平移到该位置。

2.2.6 镜像

"镜像"功能就是通过某一中心线或轴作为参考，将几何图素进行对称复制的操作。其镜像轴的形式主要有 5 种，即 X 轴、Y 轴、角度、任意直线和两点。

步骤：

① 依次选取菜单栏中的"Xform"→"Mirror"（"转换"→"镜像"）命令。

② 根据系统提示选择被镜像的图形，回车。

③ 在弹出的如图 2-66 所示的"镜像"对话框中，进行相关参数的设置。

④ 点选 ✓ ，完成镜像。

2.2.7 旋转

"旋转"功能就是以某一点作为旋转中心，然后输入旋转的角度及次数，从而所生成的

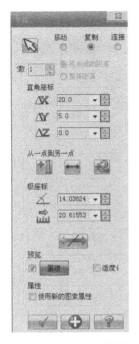

图 2-65　"平移"对话框

图 2-66　"镜像"对话框

新图形。

步骤如下。

① 依次选取菜单栏中的"Xform"→"Rotate"。

② 根据系统提示选择被旋转的图形回车。

③ 在弹出的如图 2-67 所示的"旋转"对话框，进行基准点设置、旋转角度等参数设置。

④ 点选对勾，完成。

2.2.8　比例缩放

"比例缩放"功能就是以某一点作为比例缩放的中心点，然后输入缩放的角度及次数，从而所生成的新图形。如果没有指定缩放中心点，则系统会以默认的原点作为图素的缩放中心点。

步骤如下。

① 依次选取菜单栏中的"Xform"→"Scale"。

② 根据系统提示选择被缩放的图形，回车。

③ 在弹出的如图 2-68 所示的"比例缩放"对话框中，进行比例因子等参数设置。

④ 点选对勾，完成。

2.2.9　偏移

"补正"功能在 AutoCAD 中指偏移，就是根据指定的距离、方向及次数所移动或复制一段简单的线、圆弧或聚合线。

步骤如下。

① 依次选取菜单栏中的"Xform"→"Offset"，调用该命令。

② 在弹出的图 2-69 所示"偏移"对话框，设置偏移次数、偏移距离等参数。

③ 选择被偏移的对象（直线、圆弧或者曲线），此时系统提示指定偏移方向。

图 2-67 "旋转"对话框　　　　图 2-68 "比例缩放"对话框

④ 用户根据要求，设置偏移方向，在图形的左、右、上、或下侧任意位置点击一下。

⑤ 系统按用户要求进行偏移。

2.2.10　投影

"投影"功能就是将原有的曲线投影到指定的平面或曲面上。投影（Project）是指将选中的图素投影到一个指定的平面上，从而产生新图形，该指定平面被称为投影面，它可以是构图面、曲面或者是用户自定义的平面。

2.2.11　拖拽

"拖拽"功能就是在将指定的图素拖拽到指定的位置，包括移动、复制与旋转。

2.2.12　阵列

"阵列"功能就是在指定复制的数量、距离及角度等后，按照网格行列的方式进行实体复制。

步骤如下。

① 选取菜单栏中的"转换"→"阵列"，调用该命令。

② 选择被阵列的圆，回车。

③ 在弹出的图 2-70 所示的"阵列"对话框中，进行设置。

④ 系统自动将按照设置，在绘图区生成阵列后的图形，完成。

2.2.13　二维综合实例

【例 2-10】　利用偏移、旋转等编辑命令。绘制如图 2-71 所示的二维图形。

步骤如下。

① 打开软件，采用默认原始设置，即构图平面为俯视图，视角也为俯视图，工作深度 Z 为 0，如果不是，请修改。

② 画出各中心线。

图 2-69　"偏移"对话框

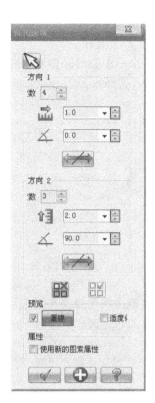

图 2-70　"阵列"对话框

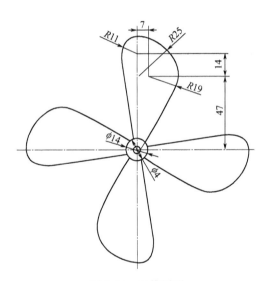

图 2-71　二维图形

a. 修改线型为中心线。鼠标左键单击绘图区下方的"线型"按钮，在"线型"的下拉列表中，选择中心线线型，完成设置，如图 2-72 所示。

图 2-72　"线型"设置

b. 绘制直径为 14 的圆两条中心线。依次选择"绘图"→"任意线"→"绘制任意线"，调用命令。在绘图区创建出一条起点任意，长度为160mm的水平线，同样的方法，绘制出长度为160mm的竖直线。

c. 偏移水平中心线。将水平中心线向上偏移47。选择"转换"→"单体补正"命令，根据系统提示，选择水平中心线，在其上方任意位置鼠标左键单击一下，然后在弹出的对话框中修改"距离"为47，单击"确定"按钮，退出对话框，完成偏移。同样的方法再向上偏移14。

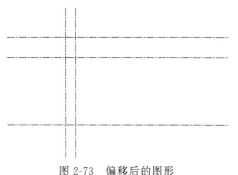
图2-73 偏移后的图形

d. 偏移竖直中心线。同样的方法将竖直中心线向右偏移7，得到"$R11$"与"$R19$"圆的中心线，如图2-73所示。

③ 绘制圆。

a. 修改线型为实线。

b. 画"$R2$"与"$R7$"的圆。分别选择"绘图"→"圆弧"→"圆心＋点"命令，根据系统提示，先选择圆心，后在如图2-74所示的圆的Ribbon工具栏上的半径文本框，输入半径2，单击"确定"，完成。同样的方法，绘制"$R7$"圆。

图2-74 圆的Ribbon工具栏

c. 同样的方法，绘制出R11及R19的圆，如图2-75所示。

④ 绘制切弧"$R25$"。分别选择"绘图"→"圆弧"→"切弧"命令，设置切弧的Ribbon工具栏为切两物体，修改文本框半径为25，然后依次选择被相切的圆"$R11$"及"$R19$"，则满足条件的切弧全部绘制出来，鼠标单击选择需要的一条切弧，则其余切弧自动消失，如图2-76所示。

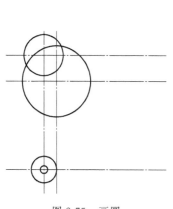
图2-75 画圆

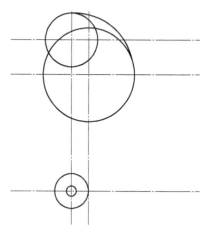
图2-76 画切弧

⑤ 绘制"$R11$"与"$R2$"圆的公切线。鼠标依次单击"绘图"→"任意线"，这时确认直线的Ribbon工具栏的相切图标处于按下。然后根据系统提示用鼠标在"$R11$"的圆上切点附近单击一下，作为切线的起点，在"$R2$"的圆上切点附近再单击一下作为切线的终点，点击工具栏确定图标，退出该命令。用同样的方法，画出另一条切线，如图2-77所示。

⑥ 修剪。

a. 分段删除。调用菜单栏"编辑"→"修剪/打断"→"修剪/打断/延伸"命令，在绘图区的上方出现 Ribbon 工具栏，点选该工具栏的"分段删除"图标；鼠标左键单击被删除的圆弧。

b. 修剪至点。调用菜单栏"编辑"→"修剪/打断"→"修剪/打断/延伸"命令，在绘图区的上方出现 Ribbon 工具栏，点选该工具栏的"修剪至点"图标。

• 鼠标左键单击被删除的中心线，注意单击再保留的一端面。

• 再继续鼠标左键单击修剪的位置，此时从该处到另一端的中心线自动删除。

结果如图 2-78 所示。

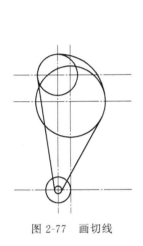

图 2-77 画切线

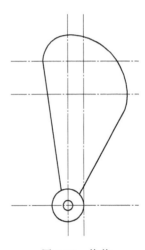

图 2-78 修剪

⑦ 旋转。

a. 依次选取菜单栏中的"Xform"→"Rotate"。

b. 根据系统提示，选择被旋转的图形确定。

c. 设置参数，弹出旋转对话框，按照图 2-79 进行基准点设置、旋转角度等参数设置。

图 2-79 "旋转"对话框

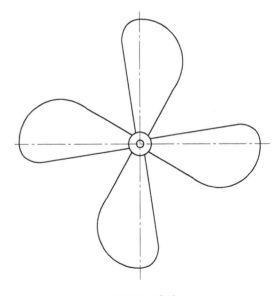

图 2-80 完成

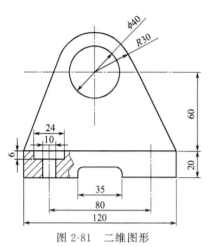

图 2-81　二维图形

d. 点选对勾，完成。

e. 旋转完成，如图 2-80 所示。

【例 2-11】　根据尺寸，绘制如图 2-81 的图形，并标注尺寸。

① 打开软件，采用默认设置，即构图平面为俯视图，视角也为俯视图，工作深度 Z 为 0。

② 画底座矩形。鼠标依次单击"绘图"→"矩形形状设置"。这时会在绘图区的左侧出现一个对话框，在该对话框的第一个文本框中输入矩形的长 120，第二个文本框中输入矩形的宽 20，定位的位置，需选中对应矩形左下角的点，表示以左下角来定位，然后鼠标左键单击工具栏"快速绘点"图标，在出现的文本框，用键盘输入点坐标（0，0），回车，如图 2-82 所示。

③ 画圆的中心线。利用平行线命令画水平中心线。修改线型为中心线，然后鼠标依次单击"绘图"→"任意线"→"绘制平行线"，调用命令。根据系统提示，选择被平行的直线，即矩形的底边，再在底边的上方任意位置单击一下，用于指定平行方向在其上方，然后在平行线的 Ribbon 工具栏，输入平行间

图 2-82　底座矩形

距 80，回车，完成水平中心线，单击工具栏确定图标☑，退出该命令。再画竖直中心线。鼠标依次单击"绘图"→"任意线"，在合适位置绘制出一条长度约为 65mm 的竖直中心线，如图 2-83 所示。

④ 画两个同心圆。修改线型为实线。根据已知条件为圆心和半径，因此调用"圆心＋点"命令绘制圆。鼠标依次单击"绘图"→"圆弧"→"圆心＋点"命令，根据系统提示，先选圆心，即两中心线交点，再输半径，在圆的 Ribbon 工具栏，半径文本框 ⊙ 0.0 ▼↕ 输入半径 20，单击工具栏确定图标☑，退出该命令；再用同样的方法，画出半径是 30 的圆，如图 2-84 所示。

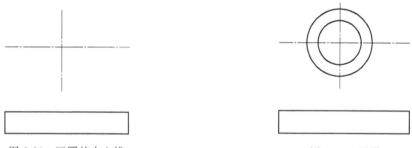

图 2-83　画圆的中心线　　　　　　　　　　图 2-84　画圆

⑤ 画两条切线。鼠标依次单击"绘图"→"任意线"，这时确认直线的 Ribbon 工具栏的相切图标 ☑ 处于按下。然后根据系统提示用鼠标在切点附近单击一下，作为切线的起点，底座矩形的左上角点作为切线的终点，单击工具栏确定图标☑，退出该命令。用同样的方法，画出另一条切线，如图 2-85 所示。

⑥ 绘制出底座的方槽，倒圆角，并修剪。鼠标依次单击"绘图"→"矩形形状设置"。在绘图区的左侧出现的对话框的第一个文本框中输入矩形的长 35，第二个文本框中输入矩形的宽 8，定位的位置，需选中对应矩形底边的中点，移动光标，使该矩形的底边中点与底

座的底边中点重合，鼠标左键单击。依次点选菜单栏"绘图"→"倒圆角"→"倒圆角"，调用该命令，然后选择被倒角的两条直线，完成一个圆角。继续同样的方法，倒出另一个圆角。调用菜单栏"编辑"→"修剪/打断"→"修剪/打断/延伸"命令，在绘图区的上方出现Ribbon工具栏，点选该工具栏的"分段删除"图标；鼠标左键单击被删除的线段及圆弧，如图2-86所示。

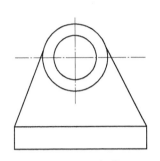
图 2-85 画切线

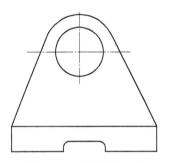
图 2-86 画底座的方槽

⑦ 绘制出阶梯孔。先画出该孔的中心线。修改线性为中心线。调用菜单栏"绘图"→"任意线"→"绘制平行线"命令。根据系统提示"选择一条线"，单击底座矩形的左边，再在Ribbon工具栏的距离文本框 中输入20，回车。这时，系统提示"指定补正方向"，在底座矩形左边的右方任意位置，鼠标左键单击一下。然后用延伸命令延长该中心线上下两端超出轮廓线3～5mm，调用菜单栏"编辑"→"修剪/打断"→"修剪/打断/延伸"命令，在绘图区的上方出现对应的Ribbon工具栏，点选该工具栏的"延伸"图标 ，鼠标左键单击被延伸的中心线，可连续单击，直至合适为止。用偏移命令或者同样的方法将矩形的右边向左偏移20mm绘制出另外一条中心线，如图2-87所示。

修改线性为实线。然后调用矩形命令，鼠标依次单击"绘图"→"矩形形状设置"。在绘图区的左侧出现的对话框中输入矩形的长24，输入矩形的宽6，定位的位置，使该矩形的上边中点与底座的上边中点重合，需选中对应矩形上边的中点，移动光标至底座的上边中点鼠标左键单击。再用同样的方法，绘制出长10mm、宽14mm，底边中点与底座底边中点重合的矩形，如图2-88所示。

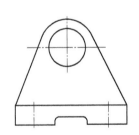
图 2-87 画底座的阶梯孔中心线

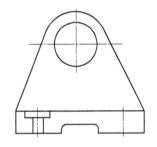
图 2-88 画底座的阶梯孔

⑧ 填充剖面线。先用样条曲线命令绘制出断裂边界。调用菜单栏"绘图"→"曲线"→"手动绘制曲线"命令，画出一条样条曲线。

然后对各个相交点断开。调用菜单栏"编辑"→"修剪/打断"→"在交点处打断"命令，根据系统提示，选择被打断的底座轮廓线，回车，则系统将所选的底座在所有的交点处都打断。

填充。调用菜单栏"绘图"→"尺寸标注"→"剖面线"，在弹出的如图2-89所示的对话框，按图设置，单击"确定"按钮，在弹出的选择对话框中，选中"区域"选项，分别在需要填充的区域单击，然后单击"剖面线"对话框中的"确定"按钮，完成填充，如图2-89所示。

⑨ 删除掉多余的样条曲线，结果如图2-90所示。

图2-89 "剖面线"对话框

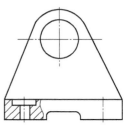

图2-90 完成

习　题

1. 自动光标（AutoCursor）工具栏在绘图中的作用是什么？

2. 如何输入一个已知点？

3. 哪些图形的中心点可以直接捕捉？

4. Mastercam X系统提供了多少种方法绘制直线？多少种方法创建圆弧？多少种方法创建圆？

5. 变形矩形的类型有哪些？试画出相应的图形。

6. 绘制边界框命令的作用是什么？如何使用该命令？

7. 绘图练习。

① 根据尺寸绘制图2-91所示的图形。

② 根据尺寸绘制图2-92所示的图形。

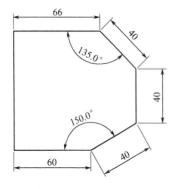

图2-91 习题7图（一）

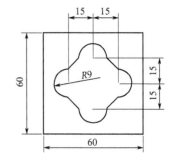

图2-92 习题7图（二）

③ 根据尺寸绘制图2-93所示的图形。

④ 根据尺寸绘制图2-94所示的图形。

⑤ 根据尺寸绘制图2-95所示的图形。

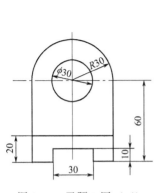

图 2-93 习题 7 图（三）

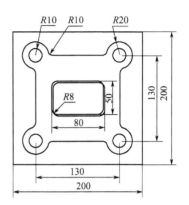

图 2-94 习题 7 图（四）

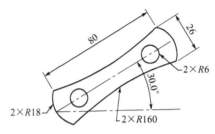

图 2-95 习题 7 图（五）

⑥ 根据尺寸绘制图 2-96 所示的图形。

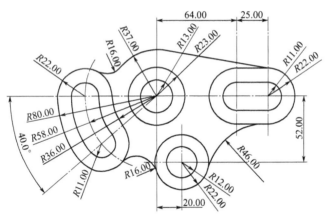

图 2-96 习题 7 图（六）

第 **3** 章

曲面造型及编辑

3.1 构图平面、构图深度及视角

3.1.1 三维空间坐标系

Mastercam 的设计环境中提供了两种坐标系统，即系统坐标系和工作坐标系（WCS）。这两种坐标系一般情况下是重合的，其各轴正向符合右手定则，如图 3-1 所示。

3.1.2 构图平面

在 Mastercam 中所有的图素都是在构图面上绘制，必须将复杂的三维设计简化为二维设计，因此引入构图平面的概念。

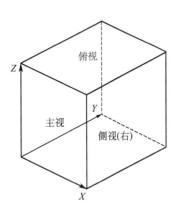

图 3-1　笛卡儿坐标系

图 3-2　构图平面下拉菜单

图 3-3　底部平面菜单

在 Mastercam 的二维设计中一般选择 XY 平面绘图；三维设计中可以在系统提供的 7 个构图平面和用户自定义的构图平面中选择。

构图平面的设置可以通过选择"构图面"工具栏中的"顶部构图平面"按钮打开对应子菜单进行设置（如图 3-2 所示）。子菜单中各选项的功能见表 3-1。这个菜单显示了系统提供的 7 种常见的构图平面。

构图平面也可以通过状态栏中的"平面"按钮进行设置，这里提供了若干种用户可以定义的构图平面。如图 3-3 所示，其中子菜单各选项功能详见表 3-2。

表 3-1 构图面子菜单功能表

选 项	功 能 说 明
顶视图	设置顶视图为构图面
前视图	设置右视图为构图面
右视图	设置右视图为构图面
按实体面定面	选取实体的某表面作为构图面
按图形定面	通过选取能够表达平面的图素(如圆弧、三个点或两条相交直线)来确定构图面
指定视角	在系统的"视角选择"对话框中通过选择构图面名称来确定当前构图面
绘图面等于屏幕视角	设置与当前视角一致的构图面

表 3-2 平面菜单功能表

选 项	功 能 说 明
等角视图	3D 空间构图面
旋转定面	通过旋转确定构图面
最后使用的构图面	选择系统上一次所使用的构图面作为当前构图面
车床半径	以半径方式定义构图面
车床直径	以直径方式定义构图面
法向定面	所选线段是构图面的法线,即构图面与所选线段垂直
绘图面等于 WCS	以当前所选择的世界坐标系为当前构图面

3.1.3 构图深度

当构图平面设定好以后，所绘制的图形就产生在平行于所设构图平面的平面上，但是与设定构图平面平行的平面有无数个，为了确定构图平面的唯一性，必须引入构图深度的概念，即构图深度 Z 值，在如图 3-4 所示的显示及线型工具栏中进行 Z 值的设定。

图 3-4 Z 值设定

常用设置构图深度 Z 的方式有以下两种。
① 直接在构图深度输入栏中输入数值。
② 单击"Z"按钮，在图形中选取某一点作为当前深度。

这里要区分构图平面与构图深度的区别，两者区别如图 3-5 所示。构图平面：当前要使用的绘图平面；构图深度：构图平面所在的深度。

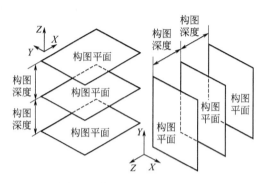

图 3-5　构图平面与构图深度

3.1.4　视角

Mastercam 中视角是表示目前屏幕上的图形的观察角度。绘出的图形位置只受构图平面和构图深度的影响，不受视角设定的影响。单击"图形视角"工具栏的按钮选择当前观察图形的视角，如图 3-6 所示，有俯视图、前视图、右视图和等角视图四种。

图 3-6　图形视角工具栏

要特别注意的一点是，当图形视角与构图平面设置垂直时是无法绘图的。

【例 3-1】　构建如图 3-7 所示的三维空间线架。

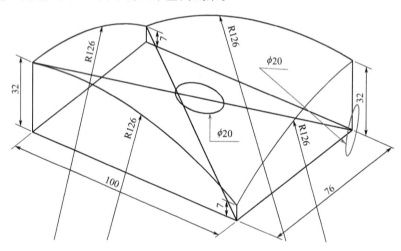

图 3-7　三维空间线架

具体操作方法和步骤如下。

① 新建一个文件，将其命名为"xj. MCX-6"。设置视角和构图面为俯视图，构图深度 Z 为 0。

② 选择"绘图"→"矩形形状设置"，在如图 3-8 所示矩形对话框进行参数的设定，基准点为原点，单击 ✓ 确定。

③ 切换构图平面为前视图，绘制高度为 32 和 7 的直线。利用两点画弧的方式绘制"R126"的弧，满足条件的弧有四根，选择需要的一根即可。

单击 Z 值，设定为 -70，绘制另外的直线和圆弧。绘制好的效果如图 3-9 所示。

④ 切换构图平面为右视图，构图深度设置为 0，利用两点画弧的方式绘制 "$R126$" 的弧，满足条件的弧有四根，选择需要的一根即可。

单击 Z 值，设定为 100，绘制另外的圆弧。绘制好的效果如图 3-10 所示。绘制两直线。

⑤ 选择 "平面"→"按图形定面"，拾取两条对角线，利用两对角线构建构图平面，其中平面的坐标方向也可以自由选择，如图 3-11 所示。单击确定平面构建完成，弹出 "新建视角" 对话框，可以重命名新建构图面的 "名称"。单击确定按钮。在新建的构图面完成直径 20 的圆。

⑥ 选择 "平面"→"法相定面"，拾取一条直线作为法线。构建该直线对应的法平面作为构图面，对应的坐标方向也也可以自由选择，如图 3-12 所示。

在此构图面上绘制直径为 20 的圆。生成线架如图 3-13 所示。

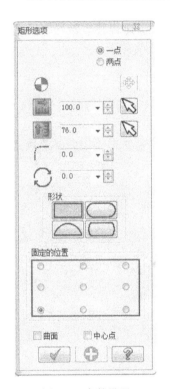

图 3-8 参数设置

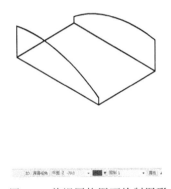

图 3-9 前视图构图面绘制图形

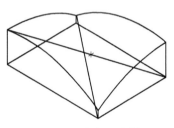

图 3-10 线架的绘制

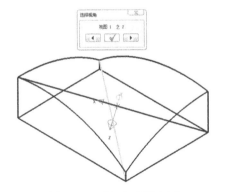

图 3-11 两相交直线定面

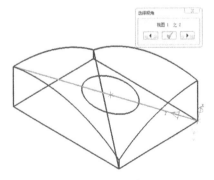

图 3-12 法向定面

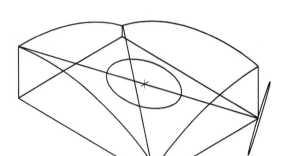

图 3-13　线架图

3.2　曲面的构建

Mastercam X6 的曲面构建方法有三种，一是常用基本曲面的快速构建方法，二是通过几何图形拉伸、旋转、扫描等操作构建曲面，三是将实体表面转化为曲面。

3.2.1　基本曲面

3.2.1.1　圆柱曲面

选择"绘图"→"基本曲面/实体"→"画圆柱体"命令，如图 3-14 所示。或者单击"绘图"工具栏的"画圆柱体"按钮，将弹出"圆柱体"对话框，用户可根据不同的参数设置得到不同的圆柱体曲面，如图 3-15 所示。

图 3-14　基本曲目级联菜单

图 3-15　圆柱曲面参数设置

创建圆柱曲面的操作步骤如下。

① 首先点击对话框的扩展图标，将参数对话框显示成图 3-15 的格式。

② 在此对话框中选择曲面，这样就构建的是圆柱曲面，否则构建的是圆柱

实体。

③ 根据对话框的提示选择一个点作为基准点，即圆柱底面的圆心。在此处输入圆柱体的半径值；在输入栏 [图标] 中输入圆柱体的高度值，生成圆柱曲面如图 3-16所示。

④ 单击 [图标] 按钮可以改变圆柱体的生成方向，如图 3-17 所示分别是向上、向下，双向拉伸所生成的圆柱曲面。

图 3-16 圆柱曲面

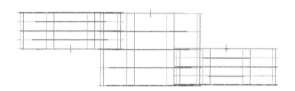

图 3-17 改变上下方面及双面拉伸的圆柱曲面

⑤ 在图 3-15 的对话框中的扫描设置默认是：起始 0°，终止 360°。若要绘制圆柱曲面的一部分可以在扫描设置的 [图标] 输入栏中输入旋转起始角度 30°，[图标] 中输入旋转终止角度 270°，生成如图 3-18 所示圆柱曲面。

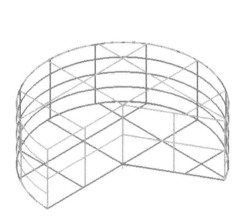

图 3-18 部分圆柱曲面

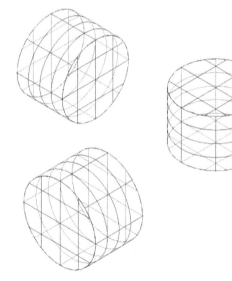

图 3-19 不同轴向的圆柱曲面

⑥ 在轴设置选项中，可以选择圆柱的轴线方向，如图 3-19 所示为 X、Y、Z 三个方向轴线的圆柱曲面。选择 ○ [图标] 按钮可以选择任意直线作为圆柱的轴线，同时也可以根据需要将圆柱的高度改为直线的长度，如图 3-20 所示。选择按钮 ○ [图标] 可以选择任意两点确定圆柱轴线的方向，其作用和选择一条直线相同，只是此功能不需要先绘制直线。

其他相关操作如下。

① 圆柱曲面实际是由三个曲面围成（上表面、下底面和回转面），删除时可以单独操作。

② 若要观察曲面的立体形状可以按住鼠标中键进行旋转。

③ 用户可以单击工具栏中 ● 按钮将三维图形（曲面、实体）以渲染形式显示；单击 ⊕

按钮则可以将三维图形（曲面、实体）以线框形式显示，如图 3-21 所示。

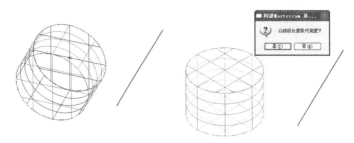

图 3-20 已知直线为轴向的圆柱面

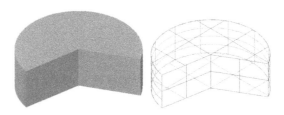

图 3-21 曲面三维图形显示与线框显示

④ 运用"Alt"+"S"组合键也可以实现渲染和线框两种显示方式之间的切换。

3.2.1.2 圆锥体

创建圆锥曲面的操作步骤如下。

① 选择菜单"绘图"→"基本曲面／实体"→ 0 画圆锥体(0)..., 弹出"圆锥体"选项对话框，如图 3-22 所示。单击 360.0 按钮，可以将对话框完全展开，如图 3-23 所示。

图 3-22 "圆锥体"对话框

图 3-23 圆锥体对话框展开

② 根据对话框的提示选择一个点作为基准点，即圆锥底面的圆心（图 3-24），在 0.0 输入圆锥底面半径值 20；在输入栏 0.0 中输入圆锥的高度值 20，生成如图 3-25 所示的圆锥曲面。

③ 在 30.0 输入栏中可以设置圆锥的角度，生成如图 3-25 所示的圆台；也可以在 5.0 输入栏中设置圆台顶部的半径，输入 5，生成圆台，如图 3-26 所示。

④ 其他的参数，包括方向、轴、扫描的设置都和圆柱曲面构建相同，这里不再赘述。

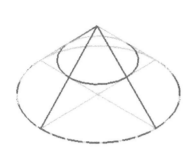

图 3-24　设置半径和高度的圆锥

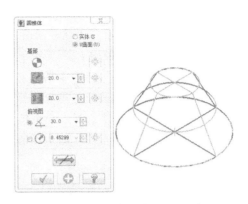

图 3-25　设置角度为30°的圆台

3.2.1.3　立方体

立方体功能用于绘制符合长宽高要求的立方体曲面。创建立方体曲面的操作步骤如下。

① 选择菜单"绘图"→"基本曲面/实体"→ B 画立方体(B)...，弹出"立方体"选项对话框，如图 3-27所示。单击 按钮，可以将对话框完全展开。

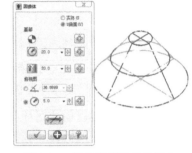

图 3-26　设置顶面半径的圆台

② 根据对话框的提示选择基准点，这个点在立方体中的固定位置可以从"立方体"对话框中的九个位置中选择。

③ 在 100.0 输入栏中输入立方体的长度100。

④ 在 50.0 输入栏中输入立方体的宽度50。

⑤ 在 25.0 输入栏中输入立方体的高度25。

⑥ 在 60.0 输入栏中输入立方体绕高度方向的旋转角度60°，生成如图 3-28 所示立方体曲面。

⑦ 轴的方向设置可以改变立方体的高度方向。其他设置都和圆柱体相同，这里不再赘述。

图 3-27　"立方体"对话框

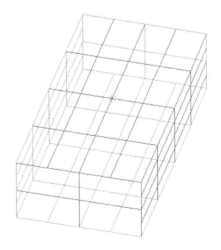

图 3-28　立方体曲面

3.2.1.4 球体

球体功能可以绘制球面或部分球面。

创建球面的操作步骤如下。

① 选择菜单"绘图"→"基本曲面 / 实体"→ S 画球体(S)...，弹出"球体"选项对话框，如图 3-29 所示。单击 按钮，可以将对话框完全展开，显示出所有功能。

② 根据对话框的提示选择一个点作为基准点，即球心。

③ 在 50.0 输入栏中输入球的半径，生成一个完整球面，如图 3-30 所示。

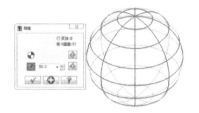

图 3-29 "球体"对话框　　　　　　　　　　　　图 3-30 球面

④ 其他的方向、轴、扫描的设置都和圆柱体相同。

3.2.1.5 圆环体

圆环体功能可以创建圆环曲面或部分圆环的曲面。

创建圆环曲面的操作步骤如下。

① 选择菜单"绘图"→"基本曲面 / 实体"→ T 画圆环体(T)...，弹出"圆环体"选项对话框。单击 按钮，可以将对话框完全展开，如图 3-31 所示。

② 选择一个点作为圆环中心线的圆心。

③ 在 0.0 输入栏中输入圆环中心线的半径值。

④ 在 0.0 输入栏中输入圆环截面的半径值。

⑤ 在扫描选项中设置旋转角度，生成如图 3-32 所示的圆环曲面。

图 3-31 "圆环体"对话框　　　　　　　　　图 3-32 部分圆环曲面

⑥ 其他的设置都和圆柱体相同。

3.2.2 直纹/举升曲面

构建直纹 / 举升曲面需要两个或两个以上的线架作为截面外形，以直线 / 参数方式熔接形成平滑的曲面。

绘制如图 3-33 所示的三维线架：Z 为 0 的俯视图构图面绘制直径为 80 的圆，Z 为 35 的俯视图构图面绘制圆长宽均为 40 倒角为 "$R8$" 的矩形；Z 为 70 俯视图构图面绘制直径为 60 的圆。

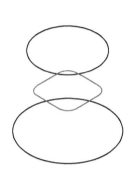

图 3-33　三维线架

图 3-34　"串连选项"对话框

将中间矩形相应位置打断，以保证选取各线架时箭头的位置和方向一致，否则曲面会发生扭曲。

选择菜单"绘图"→"曲面"→  L 直纹/举升曲面(L)...，弹出"串连选项"对话框如图 3-34 所示，选择 串连方式，选择依次选取三个图形，单击 √ 确认按钮，在如图 3-35 所示工作条中选择直纹方式，确认后生成曲面如图 3-36 所示；选择举升方式确认后生成的举升曲面如图 3-37 所示。

图 3-35　图直纹/举升曲面操作工作条

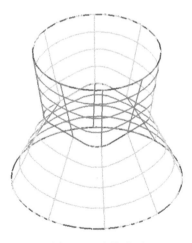

图 3-36　直纹曲面

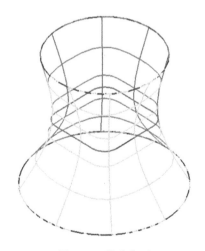

图 3-37　举升曲面

如果在选择 串连方式后改变选取线架的先后顺序，依次选大圆、小圆、矩形，单击 √ 确认按钮，在如图 3-35 所示操作栏中选择直纹方式，确认后生成曲面如图 3-38 所示；选择举升方式，确认后生成的曲面如图 3-39 所示。

注意：

① 选择线架时必须在各轮廓的对应位置打断，以保证箭头位置相同。

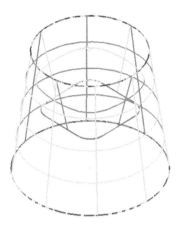

图 3-38　直纹曲面

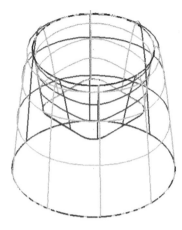

图 3-39　举升曲面

② 选择线架时控制箭头的指向相同。

③ 各轮廓线架的先后选择顺序不同所生成的曲面形状不同。

④ 直纹曲面用直线连接各线架，产生一个线性熔合曲面；举升曲面用参数线连接各线架，产生一个抛物线熔合曲面。

3.2.3　旋转曲面

旋转曲面是由某个几何对象绕着某一个轴线旋转指定的角度，其轨迹所构成曲面。因此旋转曲面的形状取决于几何形状本身和旋转的角度。

绘制如图 3-41 所示的曲线，作为要旋转的几何对象，直线作为旋转轴。

选择菜单"绘图"→"曲面"→ R 旋转曲面(R)... ，在弹出的串连选项对话框中选择 串连方式，选择圆弧，单击 确定按钮，在如图 3-40 所示的工作条中单击 轴按钮，选择直线，输入起始角度为 0，终止角度为 360，生成旋转曲面如图 3-42 所示。若输入旋转的起始角度为 60，终止角度为 270，旋转曲面如图 3-43 所示；单击方向 按钮改变方向，生成旋转曲面如图 3-44 所示。

图 3-40　图直纹/举升曲面操作工作条

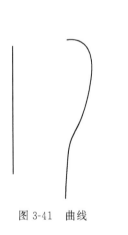

图 3-41　曲线

图 3-42　旋转曲面

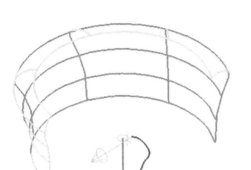
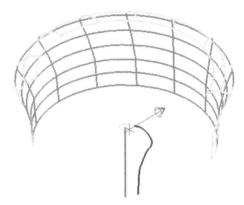

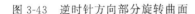
图 3-43 逆时针方向部分旋转曲面 　　　图 3-44 顺时针方向部分旋转曲面

注意：

① 旋转曲面的旋转方向符合右手螺旋定则：拇指方向为选取轴线的方向，四指的环绕方向为生成曲面的旋转方向。

② 若生成旋转曲面的几何图形为封闭图形，则最后的曲面是一个中空的闭合曲面。

3.2.4 扫描曲面

将截面图形沿着轨迹路径移动，其运动的轨迹形成的曲面称为扫描曲面。其中截面图形和轨迹路径图形可以是一个或是多个。下面分别介绍 3 种方式的扫描曲面：一个截面和一个轨迹线；两个截面和一个轨迹线；一个截面和两个轨迹线。

3.2.4.1 一个截面和一个轨迹线

首先绘制截面图形和轨迹图形。设置俯视图为构图面，Z 设定为 0，绘制直径为 200 的半圆，切换前视图为构图面，绘制直径为 36 的圆，完成线绘制，如图 3-45 所示。

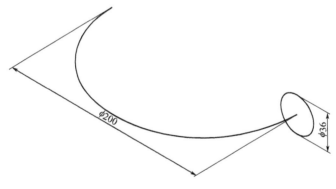

图 3-45 三维线架

选择菜单"绘图"→"曲面"→ S 扫描曲面(S)…，在弹出的"串连选项"对话框中选择 单体按钮，选择截面图形圆，单击 确定按钮，再次弹出"串连选项"对话框，选择在操作栏中的单体，选中直接为 200 的大半圆。如图 3-46 所示，选择 转换模式，生成曲面如图 3-47 所示，扫描过程中截面线始终平行于截面线所在的平面；选择 旋转模式，生成曲

图 3-46 扫描曲面工作条

面如图 3-48 所示，扫描过程中截面线随着轨迹线进行旋转。

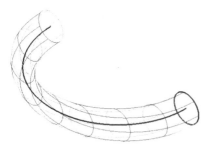

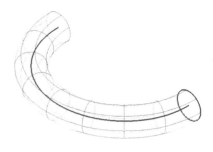

图 3-47　平行扫描曲面　　　　　　　　图 3-48　旋转扫描曲面

3.2.4.2　两个或多个截面和一个轨迹线

绘制图 3-49 所示的截面图形。方法是，在俯视图上绘制任意曲线，在右视图上绘制 20×20 的矩形，倒圆角半径为 5，绘制直径为 10 的圆，如图 3-49 所示。

将两个截面图形圆和倒圆角正方形在各自轮廓对应点打断，以保证生成曲面光滑不扭曲。

选择菜单"绘图"→"曲面"→ S 扫描曲面(S)…，在弹出的"串连选项"对话框中选择串连方式，选择第一个截面图形圆，再选择第二个截面图形正方形，单击 ✔ 确定按钮，如果有多个截面可以继续选择完成后再单击确认按钮；再次弹出"串连选项"对话框，选择曲线作为引导线，选择 旋转模式，生成曲面如图 3-50 所示。

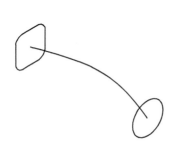

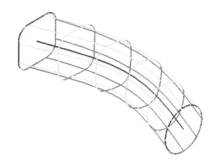

图 3-49　两截面线架　　　　　　　　图 3-50　两截面线架扫描曲面

3.2.4.3　一个截面和两个或多个轨迹线

Mastercam 也可以在两个轨迹线间适当缩放一个截面轮廓。

首先按尺寸绘制如图 3-51 所示的线架。

选择菜单"绘图"→"曲面"→ S 扫描曲面(S)…，构建扫描曲面的方式是 在弹出的"串连选项"对话框中选择 单体方式，选择截面图形 R10 的圆弧，单击 确定按钮；再次弹出"串连选项"对话框，选择 部分串连方式，分别选择第一条轨迹线和第二条轨迹线，单击确定按钮，生成曲面如图 3-52 所示。

注意：

① 使用部分串连方式要注意，选取起始和终止线段的方向是根据鼠标点取位置，从靠近的直线端点指向远离端点，要求保证箭头指向和实际的扫描方向相同，否则，单击"串连选项"对话框中的 按钮改变箭头方向。

② 多个截面和一个轨迹线的扫描曲面，需要将截面线在对应位置打断，防止曲面的扭曲，选择时还需注意箭头方向相同。

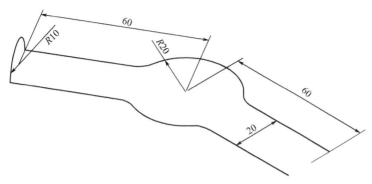

图 3-51　两引导线线架

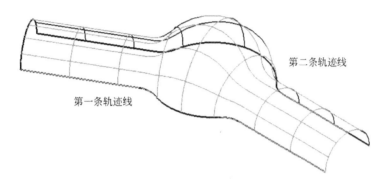

图 3-52　两引导线扫描生成的曲面

　　③ 串连选项中的 单体方式可以帮助绘图者选择串连图素中的某一个图素，灵活运用可以方便作图。

　　④ 选择轨迹线需要注意选取方向必须和实际扫描方向一致。

3.2.5　网状曲面

　　网格状排列的曲线外形相互间熔接产生的曲面称为网状曲面。横向和纵向的曲线数量通常不少于两个。同时不要求横向和纵向曲线空间相交或端点相交。

　　绘制如图 3-53 所示三维线架，线架的横向和纵向不固定，由绘图者自行定义，设定一个方向为横向，另一个方向就是纵向了。

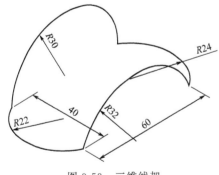

图 3-53　三维线架

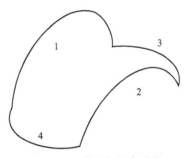

图 3-54　三维线架线条编号

　　绘制如图 3-54 所示线架，由 2 条横向曲线和 2 条纵向曲线组成。用它来构建一个封闭的网状曲面。

选择菜单"绘图"→"曲面"→ N 网状曲面(N)，在弹出的"串连选项"对话框中选择 单体方式，此时操作栏如图 3-55 所示，在 截断方向 下拉框中选择"截断方向"，选择截断方向的曲线：曲线 1、曲线 2，重新设置操作栏中的 引导方向 下拉列表框为"引导方向"。选择引导方向的曲线：曲线 3、曲线 4，单击 确定按钮，生成如图 3-56 所示曲面。

图 3-55　网状曲面工作条

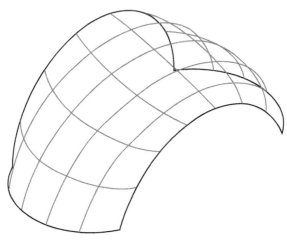

图 3-56　网状曲面

3.2.6　围篱曲面

利用线段、曲线或圆弧等在已知曲面上产生垂直于曲面或是与曲面成一定扭曲角度的曲面称为围篱曲面。

这里在前面网状曲面的基础上来建立围篱曲面，操作步骤如下。

设置俯视图为构图面，绘制如图 3-57 所示的圆弧作为线架。

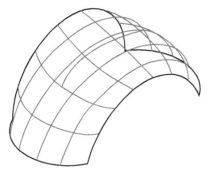

图 3-57　网状曲面及曲线

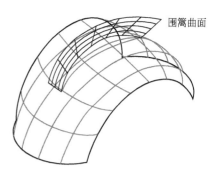

图 3-58　网状上生成的围篱曲面

选择菜单"绘图"→"曲面"→ F 围篱曲面(F)…，操作栏如图 3-59 所示，单击 选择曲面按钮，选择已经构建完成的网状曲面，在弹出的"串连选项"对话框中选择 单体方式，选择圆弧线架，单击 确定按钮。在 相同圆角 熔接方式下拉栏中选择"立体混合"方式，设置起始高度为 15，终止高度为 8，起始角度为 -30，终止角度为 30，单击 应用按钮。结果如图 3-58 所示。

图 3-59　围篱曲面工作条

3.2.7　牵引曲面

将一定大小和形状的截面轮廓曲线按照指定的长度和角度沿着某个方向运动后，轨迹所形成的曲面称为牵引曲面。

绘制一个线架，线架为六边形，内切圆的半径是 25，倒圆角选择半径为 5。

选择菜单"绘图"→"曲面"→ D 牵引曲面(D)... ，在弹出的"串连选项"对话框中选择串连方式，选择倒过圆角的六边形，单击确定按钮。弹出如图 3-60 所示"牵引曲面"选项对话框。系统提供了两种构建牵引曲面的方法：一是长度方式；二是平面方式。

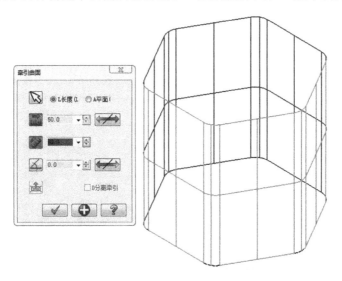

图 3-60　牵引曲面

选择长度方式，输入 50.0 长度和 0.0 角度构建曲面如图 3-60 所示。其中真实长度指的是牵引曲面斜线的长度；长度输入栏后面的方向箭头可以改变牵引的方向；角度输入栏后面的方向箭头可以改变拔模角度的内外方向。如图 3-61 所示，设置真实长度 30，角度 10，生成牵引曲面如图 3-61 所示；改变角度方向，曲面如图 3-62 所示。

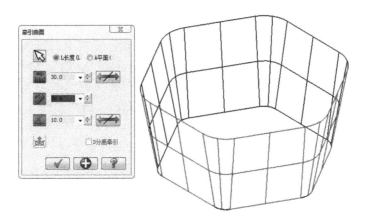

图 3-61　向外拔模的牵引曲面

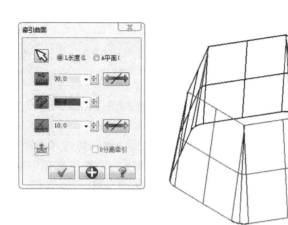

图 3-62　向里拔模的牵引曲面

选择平面方式对话框如图 3-63 所示，单击 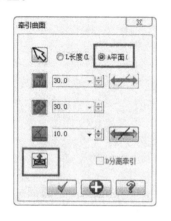 平面按钮，弹出如图 3-64 所示"平面选择"对话框。可以通过直线、三点、图素、平面法向、视角方式选择平面，并可以设置所选平面的 Z 深度。平面方式中的角度功能和长度方式相同，所选的平面是线架沿着路径运动的终止位置。

图 3-63　"牵引曲面"对话框

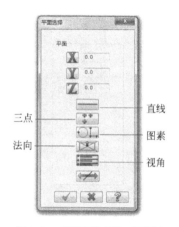

图 3-64　"平面选择"对话框

3.2.8　挤出曲面

将截面图形沿着其法线方向运动，其轨迹形成的曲面称为挤出曲面。选择挤出的线架同举升曲面相同，长度相同，生成挤出曲面如图 3-65 所示，它与牵引曲面的区别是增加了上下两个面。

选择菜单"绘图"→"曲面"→ X 挤出曲面(X)...，在弹出的"串连选项"对话框中选择串连方式，选取倒好圆角的六边形作为挤出的线架，弹出"挤出曲面"对话框如图 3-65 左侧所示。

单击对话框中 按钮，选择一个点作为挤出曲面的基准点。

在 输入栏中输入拉伸长度 20，单击 方向按钮可以改变拉伸方向。

在 输入栏中输入比例 1.2，结果曲面如图 3-65 所示。

在 输入栏中输入旋转角度 15，曲面如图 3-65 所示。

在 输入栏中输入偏距 3，曲面如图 3-65 所示。

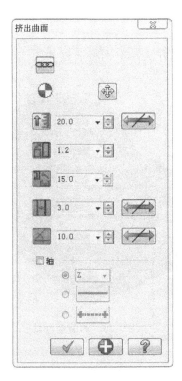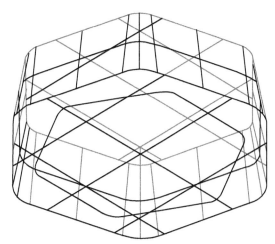

图 3-65 "挤出曲面"对话框及生成的曲面

在 输入栏中输入锥度角 10，曲面如图 3-65 所示，单击 方向按钮曲面方向改变。

在 轴复选框中可以改变拉伸的轴向。可以 点 X、Y、Z 坐标轴，如图 3-66～图 3-68 所示，也可以选择 任意直线，或是选择 两点确定轴线，这里就不再举例，读者自己完成这部分的创建。

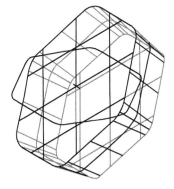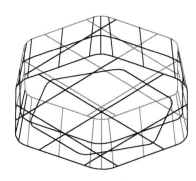

图 3-66 X 轴向 　　　　　图 3-67 Y 轴向 　　　　　图 3-68 Z 轴向

3.2.9 由实体生成曲面

将构建的实体模型表面或体转换成曲面的方式称为由实体生成曲面。

操作步骤如下。

① 创建三维实体模型。

② 选择菜单"绘图"→"曲面"→ M 由实体生成曲面(M)…，选择要生成曲面的实体，单

击回车确认，使用鼠标点取实体。注意观察鼠标右下角的图标选择实体的"表面"或"体"。

③ 移开实体模型，得到曲面。

【例 3-2】 前面介绍了 Mastercam X6 中的曲面构建方法，本例将通过如图 3-69 所示的曲面的构建，具体练习下这些方法的综合运用。

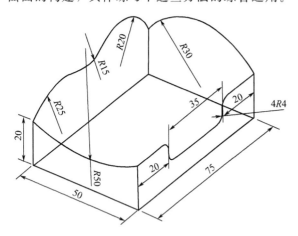

图 3-69 曲面线架

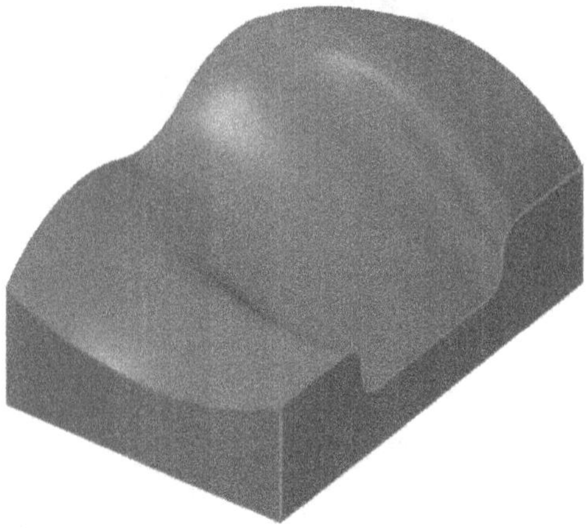

图 3-70 曲面着色显示

具体操作方法和步骤如下。

新建一个文件，将其命名为"qx. MCX-6"。

（1）构建三维线架

根据图 3-69 构建各曲面所需线架。图 3-70 为曲面着色显示。

设置视角为等角视图，构图面为俯视图，构图深度 Z 为 0。

调用 R 距形(R)... 命令，绘制矩形，选择左下角点位定位点，输入矩形长为 50，宽为 70。切换构图面为前视图，Z 为 0，绘制长度为 20 的四根垂直直线，如图 3-71 所示。

设置视角为等角视图，构图面为前视图，Z 为 0，利用两点画弧命令绘制"R50"的圆弧；Z 设定为 −75，绘制"R30"的另一圆弧。线架如图 3-72 所示。

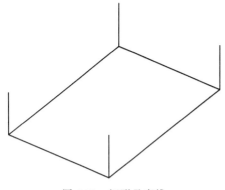

图 3-71 矩形及直线

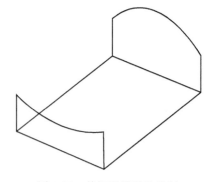

图 3-72 前视图圆弧的绘制

设置视角为等角视图，构图面为右视图，Z 为 0，绘制直线 1 为辅助线，利用两点画弧命令，绘制"R25"的圆弧，此圆弧的一个点为直线 1 的端点，另一点为直线 1 的中点；同样的方法绘制"R20"的圆弧，此圆弧同样的一个点为直线 1 的端点，另一点为直线 1 的中点线架如图 3-73 所示。最后利用倒角命令，将两圆弧倒"R15"的圆角，删除直线 1 如图 3-74所示。

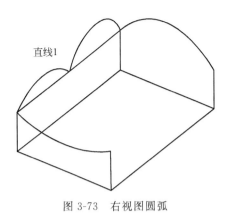

图 3-73　右视图圆弧

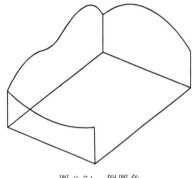

图 3-74　倒圆角

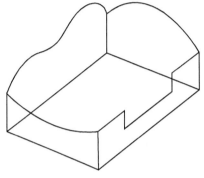

图 3-75　右视图直线

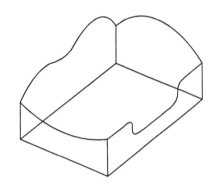

图 3-76　串连倒圆角

　　设置视角为等角视图，构图面为右视图，Z 为 50，绘制直线段，如图 3-75 所示，利用串连倒角命令，生成"$R45$"的圆弧，线架造型完成，如图 3-76 所示。

　　（2）构建曲面

　　根据线架选择合理的曲面构建方法。本例中的综合曲面有四种不同的曲面组合而成，下面逐一展开分析。

　　曲面 1：根据线架可以理解为一个截面和两条轨迹线的扫描曲面，也可以利用牵引曲面去生成，当然也可以利用直纹/举升曲面生成；生成的曲面如图 3-77 所示。

　　曲面 2：选择直纹/举升曲面，在弹出对话框中选择单体选择方法，分别选择两条线，

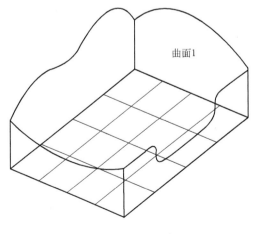

图 3-77　底面构建

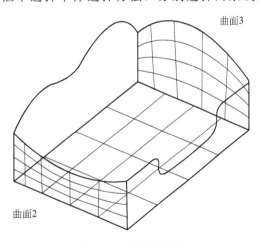

图 3-78　前侧面构建

生成曲面，注意两条线的选择方向要一致，如图 3-78 所示。

曲面 3：选择直纹/举升曲面，在弹出对话框中选择单体选择方法，分别选择两条线，生成曲面，注意两条线的选择方向要一致，如图 3-78 所示。

曲面 4：由 4 条空间曲线构建，经分析只能采用网状曲面构建，2 条横向曲线和两条纵向曲线构建完成。前视图方向认为是引导方向，选择单体模式；右视图方向任务是截断方法，选择部分串连选项，完成曲面的构建，如图 3-79 所示。

曲面 5：选择直纹/举升曲面，在弹出对话框中选择单体选择方法，选择直线，再选择部分串连方式选择圆弧，完成曲面 5 的创建，千万注意选择的方法要一致，如图 3-80 所示。

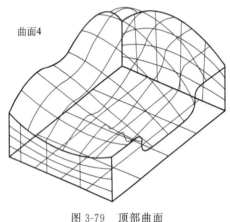

图 3-79　顶部曲面

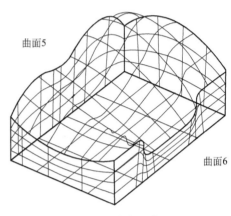

图 3-80　右侧面曲面

曲面 6：选择直纹/举升曲面，在弹出对话框中选择单体选择方法，选择直线，再选择部分串连方式选择圆弧，完成曲面 6 的创建，千万注意选择的方法要一致，如图 3-80 所示。

3.3　曲面的编辑

在曲面创建好后，通常需要对曲面进行编辑处理。这部分将介绍倒圆角、修剪、熔接等常用的曲面编辑方法。

3.3.1　曲面倒圆角

曲面倒圆角的作用是在曲面之间形成给定半径的光滑的圆弧过渡面。

选择菜单"绘图"→"曲面倒圆角"子菜单中显示 3 种倒圆角方式：曲面与曲面倒圆角、曲线与曲面倒圆角、曲面与平面倒圆角，如图 3-81 所示。

3.3.1.1　曲面与曲面倒圆角

曲面与曲面倒圆角要求两组曲面的法线方向指向圆角过渡曲面的圆弧中心，并且倒圆角半径值不能超过两曲面的容纳范围。

首先绘制原始曲面如图 3-82 所示。

选择菜单"绘图"→"曲面倒圆角"→ S 曲面与曲面导圆角(S)...。

根据操作栏提示选择第一组曲面，可以选择一张曲面也可以选择多张曲面，选好后单击回车，此时操作栏提示选择第二组曲面，也可以选择一张曲面或多张曲面作为第二组曲面。

弹出图 3-83 所示"曲面与曲面倒圆角"选项对话框，同时绘图区出现倒圆角后的曲面预览。

在 8.0 输入栏输入倒圆角半径 8，曲面如图 3-84 所示。

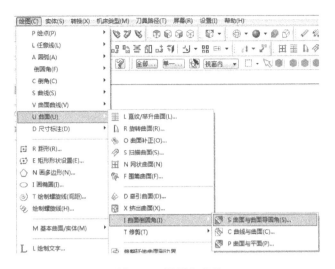

图 3-81 倒圆角菜单

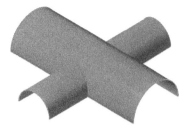

图 3-82 原始曲面

图 3-83 "曲面与曲面倒圆角"对话框

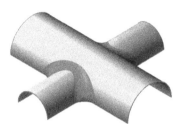

图 3-84 输入圆角半径后的曲面

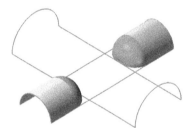

图 3-85 修剪后的曲面

单击 ☑T 修剪 复选框，生成圆角曲面的同时将修剪掉原始曲面，若单击 ←□→ 换向按钮，可以改变曲面的法线方向，则曲面如图 3-85 所示。

以上是固定半径倒圆角，曲面与曲面之间也可以进行变化半径倒圆角。

绘制如图 3-86 所示正方体曲面。删除其中 4 个面，留下相邻的两个面，如图 3-87 所示。

调用 S曲面与曲面导圆角(S)... 命令，根据提示分别选择相邻的两个面作为倒圆角的两组曲面。在 8.0 输入栏中输入倒圆角半径值 15，单击 ▼ 按钮，选项对话框展开后如图 3-88 所示。选择 □变化圆角 复选框，选项对话框如图 3-88 所示。

在 0.25 输入栏中输入新增加点的圆角半径值。

单击 动态插入按钮，可以动态确定一个点作为新增的半径变化点。

单击 插入中心按钮，可以在两个已经存在点的中点位置增加一个半径变化点。

单击 更改按钮，选择需要改变半径的变化点，接着在 8.0 输入栏中重新输入新的半径值，可以重新设定这个点的半径值。

单击 移除边界按钮，选择某一需要移除掉的半径变化点，可以移除该点。

单击 循环按钮，可以循环检测所有的半径变化点。

单击 插入中心按钮，选择图 3-89 中交线的两个端点作为控制点，单击 √ 确定按

图 3-86　正方体曲面

图 3-87　剩余的正方体曲面

图 3-88　展开的"曲面与
　　　　 曲面倒圆角"对话框

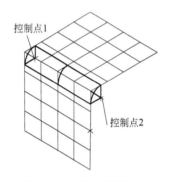

图 3-89　选择控制的图形

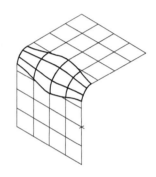

图 3-90　增加半径变化点后图形

钮，自动在两控制点中点增加一个半径变化点，其半径值为 15，如图 3-90 所示。

　　单击 动态插入按钮，选择中心线，移动鼠标在需要增加半径变化点的位置单击（以鼠标尾部为准如图 3-91 所示），结果曲面如图 3-92 所示。

　　单击 更改按钮，选择上一步中增加的点，重新输入半径值 8，曲面如图 3-93 所示。

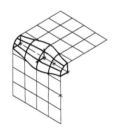

图 3-91　动态插入点

图 3-92　动态插入点后生成曲面

图 3-93　改变动态插入点半径

　　单击 移除按钮，选择前面动态插入的点，曲面恢复成图 3-90。

　　单击 循环按钮，弹出半径输入栏，如图 3-94 所示，重新设定半径值 10，回车确定；依次弹出第二个点的半径输入栏，如图 3-95 所示，不改变半径值，回车确定；依次弹出第三个点的半径输入栏，如图 3-96 所示。回车确认。

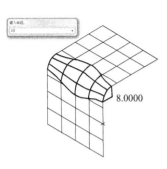

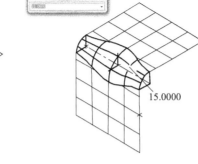

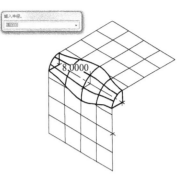

图 3-94　半径输入　　　　　图 3-95　第二点半径输入　　　　图 3-96　第三点半径输入

3.3.1.2　曲线与曲面倒圆角

此功能用于在一组曲线和一组曲面之间构建圆角过渡曲面。

绘制原始曲线和曲面如图 3-97 所示。绘制一个直纹曲面，在曲面附近手动方式绘制一条曲线。

选择菜单"绘图"→"曲面倒圆角"→ C 曲线与曲面(C)...。

根据提示选择曲面，单击回车，弹出"串连选项"对话框，选择 单体方式，选取曲线，单击 确定按钮。弹出"曲线与曲面倒圆角"选项对话框如图 3-98 所示。输入倒圆角半径值为 15（半径值不能太小，否则倒圆角曲面无法形成），选择"修剪"复选框，单击 确定按钮，曲面如图 3-99 所示。

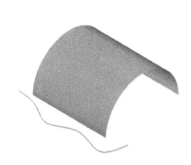

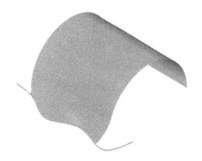

图 3-97　原始曲面和曲线　　　图 3-98　"曲线和曲面　　　图 3-99　倒角后的曲面
　　　　　　　　　　　　　　　　　　倒圆角"对话框

3.3.1.3　平面与曲面倒圆角

此功能可以在原始曲面和指定的平面之间构建圆弧过渡曲面。这里的平面可以是实际存在的也可以是虚拟的。

首先，调用 O 画圆锥体(O)...命令，绘制一个高度为 60，下底面半径为 50，上表面半径为 25 的圆锥曲面，作为原始曲面，如图 3-100 所示。

选择菜单"绘图"→"曲面倒圆角"→ P 曲面与平面(P)...。

根据状态栏的提示信息，选择圆台面作为倒圆角面，这里的曲面可以选择一个也可以选择多个。

弹出"平面选择"对话框，单击 视角按钮，选择俯视图，单击 确定按钮退出，在"曲面与平面倒圆角"选项对话框中输入半径值 10，选择"修剪"复选框，预览曲面如

图 3-101 所示；单击 法向切换按钮，按照操作栏的提示信息选取曲面改变法向方向，使其指向所要绘制的圆角曲面的圆弧中心，如图 3-102 所示。按"Enter"键完成。曲面倒圆角后如图 3-103 所示。

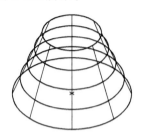

图 3-100　圆锥面

图 3-101　输入半径后的曲面

图 3-102　改变方向

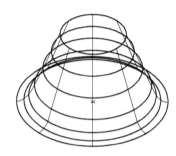

图 3-103　最终倒角的曲面

3.3.2　曲面补正

曲面补正即曲面偏移，也叫偏置曲面，其功能是将选取的一个或多个曲面沿法线方向移动指定的距离。

首先绘制原始曲面，半径为 25，高度为 50 的圆柱曲面，如图 3-104 所示。

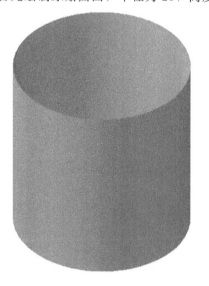

图 3-104　原始曲面

图 3-105　补正后的曲面

选择菜单"绘图"→"曲面"→ 曲面补正(O)… 。

根据状态栏的提示信息，选择曲面，在如图 3-106 所示操作栏中设置补正参数。

图 3-106　曲面补正工作条

在 20.0 输入栏中，输入补正距离 5，曲面预览如图 3-105 所示。

单击 下一个循环按钮，可以改变本组曲面的补正方向。单击中间曲面，改变其方向，此时通过 来切换方向。

单击复制按钮，补正后保留原始曲面。

单击移动按钮，补正后删除原始曲面。

注意：

① 可以通过输入负数距离改变补正的方向。

② 已经编辑过的曲面不能进行补正。

3.3.3　修剪曲面

对已构建曲面进行修剪或延伸得到新的曲面称为修剪曲面。用于修剪曲面的图素可以是曲线、曲面或是平面。

选择菜单"绘图"→"曲面"→"修剪"，子菜单中显示 3 种修剪方式：修剪至曲面、修剪至曲线、修剪至平面，如图 3-107 所示。

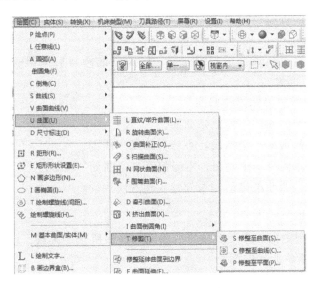

图 3-107　曲面修剪菜单

3.3.3.1　修剪至曲面

选择一个曲面对指定曲面进行修剪，实际上是将两个曲面在交线处剪开，保留指定部分，删除其余部分。

绘制如图 3-108 所示原始曲面。

选择菜单"绘图"→"曲面"→"修剪"→ S 修整至曲面(S)…。

依照状态栏的提示信息选择第一组曲面，在这里选择图 3-108 中的矩形曲面 1，按"Enter"键确认；再选择第二组曲面，这里选择曲面 2，按"Enter"键确认。选择曲面时需注意：每一组曲面可以是一个曲面也可以是多个曲面。

继续依照状态栏的信息，在曲面需要保留部分的区域内任意位置单击，注意单击的先后次序和上一步中选择曲面的先后相同。先点取曲面 1 的外围，再点取曲面 2 的下部，箭头所在区域为最终修剪后保留的部分。结果曲面如图 3-109 所示。

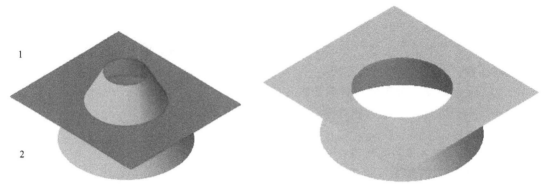

图 3-108　原始曲面　　　　　　　　　图 3-109　曲面修剪后的保留部分

在如图 3-110 所示操作栏中，单击按钮，可以改变曲面修剪参数。

图 3-110　曲面裁剪工作条

单击 按钮，可以重新选择第一组曲面，以及曲面修剪后保留的部分。重新选择曲面 1，点取内围作为保留部分。

单击 按钮，可以重新选择第二组曲面，以及曲面修剪后保留的部分。重新选择曲面 2，点取上部作为保留部分。

单击 按钮，修剪后仍保留原始曲面。

单击 按钮，修剪后曲面删除原始曲面。

单击 按钮，只修剪第一个曲面，不修剪第二个曲面。

单击 按钮，不修剪第一个曲面，不修剪第二个曲面。

单击 按钮，两个曲面都修剪。本例默认此方法。

3.3.3.2　修剪至曲线

该功能可以用封闭的曲线来裁剪指定的曲面，并保留选定区域。

绘制如图 3-111 所示原始曲面。

选择菜单"绘图"→"曲面"→"修剪"→ C 修整至曲线(C)... 。

依照状态栏的提示信息选择曲面，在这里选择图 3-111 中的曲面 1，按"Enter"键确认；弹出"串连选项"对话框，选择串连方式，再选择椭圆，单击 确定按钮。根据提示，用鼠标点取椭圆在曲面上投影区域以外任意位置。曲面修剪后如图 3-112 所示。

单击如图 3-113 所示操作栏中的按钮可以改变修剪的对应参数。

单击 按钮，可以重新选择被修剪的曲面。

单击 按钮，可以重新选择修剪曲线。

大多情况下，用于修剪曲面的曲线并没有位于曲面上，因此需要指定曲线的投影方向。

单击 按钮，表示根据当前构图面的方向将曲线投影到曲面上进行裁剪。

单击 0.1 按钮，表示沿着曲线所在平面的法线方向投影到曲面上，同时需要在按

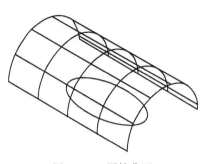

图 3-111　原始曲面

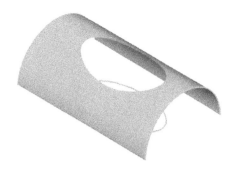

图 3-112　修剪后的曲面

图 3-113　曲面修剪工作条

钮后面的输入栏中设置投影的最大距离。超出这个值将被忽略。

3.3.3.3　修剪至平面

修剪至平面是指利用指定平面将曲面分为两部分，保留指定部分，删除其余部分。

绘制如图 3-104 所示原始曲面。

选择菜单"绘图"→"曲面"→"修剪"→ P 修整至平面(P)…。

依照状态栏的提示信息选择曲面，按"Enter"键确认；弹出"平面选择"对话框，如图 3-114 所示选择三点平面方式，点取三条直线的三个交点，修剪平面如图 3-115 中平面符号所示，箭头方向指向修剪后保留的一侧，单击 按钮，箭头指向相反方向。单击 确定按钮。根据提示，用鼠标点取三角形在曲面上投影区域以外任意位置。曲面修剪后如图 3-116所示。

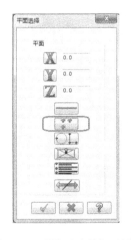

图 3-114　"平面选择"对话框

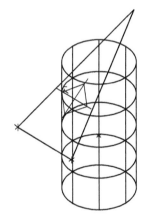

图 3-115　平面符号

图 3-116　平面修剪

单击操作栏中的按钮可以改变修剪的对应参数。

单击 按钮，可以重新选择被修剪的曲面。

单击 按钮，可以重新选择被修剪的曲面。

在"平面选择"对话框中重新选择平面方式为 视角方式，可以切换视角来修剪曲面。

3.3.3.4 恢复修剪

运用前面三种方法对曲面进行修剪后，如果需要将曲面恢复成修剪之前的状态，可以运用恢复曲面修剪命令。

具体操作如下：

选择菜单"绘图"→"曲面"→ U 恢复修剪曲面(U)... 。

选择需要修剪的曲面。单击 确定按钮，曲面便可恢复至未修剪状态。

3.3.4 曲面延伸

曲面延伸命令可以将曲面的边界延伸指定长度或是延伸到指定的平面。

绘制如图 3-118 所示的原始曲面。

选择菜单"绘图"→"曲面"→ E 曲面延伸。操作栏如图 3-117 所示。

图 3-117 曲面延伸工作条

图 3-118 原始曲面

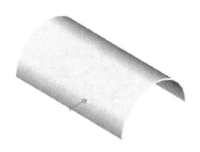

图 3-119 曲面延伸

根据状态栏提示单击原始曲面，移动箭头到要延伸的边界处，如图 3-119 所示，单击确定完成曲面的延伸。

单击 10.0 对话框，可以输入延伸曲面的指定长度。

单击 按钮，设置曲面的延伸模式为线性，则沿着切线方向延伸。结果曲面如图 3-120 所示。

单击 按钮，将模式修改为非线性方式，则按照曲率相等延伸。结果曲面如图 3-121 所示。

图 3-120 线性延伸

图 3-121 非线性延伸

单击 按钮，弹出"平面选择"对话框，设定一个虚拟平面作为曲面延伸到的平面。在如图 3-122 所示的"平面选择"对话框中选择 图素方式确定平面，选择生成原始曲面的圆弧线架，在 Z 坐标输入栏中输入数值 100。虚拟平面如图 3-123 所示，生成曲面如

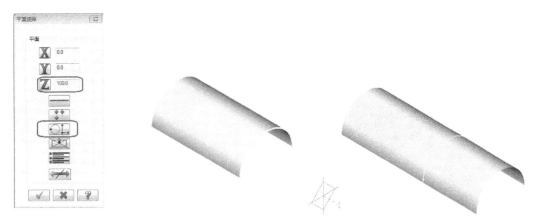

图 3-122 "平面选择"对话框　　图 3-123 虚拟平面　　图 3-124 延伸后的平面

图 3-124所示。

3.3.5 平面修剪

平面修剪功能用于形成平面。一般由封闭的平面图形作为线架来形成。

绘制外面一个矩形框，里边一个八边形的原始线架，如图 3-125 所示。

选择菜单"绘图"→"曲面"→📑 B平面修剪。弹出"串连选项"对话框，选择串连方式，选取矩形框。单击✔按钮，曲面预览如图 3-126 所示。此时操作栏如图 3-127 所示。

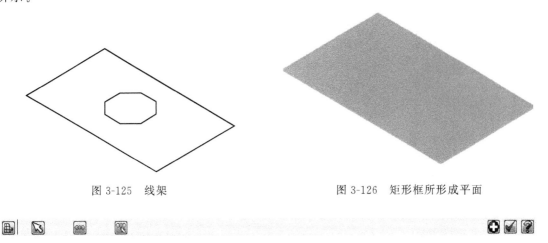

图 3-125 线架　　　　　　　　图 3-126 矩形框所形成平面

图 3-127 平面修剪工作条

单击📟增加串连按钮，再次弹出"串连"对话框，依次选择图 3-125 中第二组线架，单击✔按钮，生成曲面如图 3-126 所示。

3.3.6 填补内孔

填补内孔的作用是建立一张独立的曲面填补曲面上的孔洞。

选择 3-128 的图作为实例讲解，选择菜单"绘图"→"曲面"→📑 H 填补内孔。

根据状态栏提示选择矩形曲面。移动鼠标到内孔边界处，单击，✔曲面填补后如图 3-129所示。注意，此时图上的矩形曲面和内孔分别是对立的曲面。

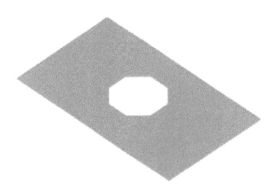

图 3-128 两个轮廓的平面修剪

图 3-129 填补内孔

3.3.7 恢复曲面边界

恢复边界命令是针对填补孔洞的，作用是移除封闭孔洞。

以 3-128 所示图形为原始曲面。

选择菜单"绘图"→"曲面"→ ⊞ V 恢复曲面边界。

根据状态栏提示选择曲面。移动鼠标至八边形处，即所要恢复的曲面边界处，单击 ✓ 按钮结果曲面如图 3-130 所示。

图 3-130 恢复曲面边界

图 3-131 原始曲面

3.3.8 分割曲面

分割曲面的功能是将一张曲面沿着横向或纵向分割成多张曲面。以图 3-131 所示图形为原始曲面。

选择菜单"绘图"→"曲面"→ ⊞ P 分割曲面。根据状态栏提示选择曲面。

移动鼠标至要分割的位置，单击，预览曲面如图 3-132 所示。

如果在操作栏中单击 ⟵⟶ 方向按钮，可以改变曲面被分割的横、纵方向。预览曲面如图 3-132、图 3-133 所示。单击 ✓ 按钮，确定退出。

3.3.9 两曲面熔接

两曲面熔接指在两个曲面之间产生一个熔接曲面，熔接曲面可以将两个曲面顺滑地连接起来。以图 3-134 所示图形为原始曲面。

选择菜单"绘图"→"曲面"→ ⟵⟶ 。弹出"两曲面熔接"选项对话框。根据状态栏提示选择熔接曲面 1。

图 3-132 曲面横向分割   图 3-133 曲面纵向分割

移动鼠标至如图 3-135 所示要熔接的位置，单击，出现如图 3-136 所示熔接线，即熔接曲面的边界。经判断这条熔接线的方向不符合要求方向，在选项对话框中单击曲面 1 对应的方向按钮，改变熔接线的方向如图 3-137 所示垂直。

根据状态栏提示选择熔接曲面 2。移动鼠标至如图 3-138 所示要熔接的位置，单击预览曲面如图 3-139 所示。

图 3-134 原始曲面   图 3-135 选择曲面 1   图 3-136 熔接曲面边界

图 3-137 改变方向熔接曲面边界   图 3-138 选择曲面 2   图 3-139 熔接错误

显然曲面 2 的熔接线方向不正确，在选项对话框中单击曲面 2 对应的 方向按钮，改变熔接线的方向，预览曲面改变为如图 3-140 所示。

在对话框的"熔接值"输入栏中，输入不同的熔接值，得到不同的熔接曲面形状如图 3-141 所示。

单击对话框中的 按钮，可以改变曲面的熔接方向和顺序，如图 3-142 所示。

单击对话框中的 按钮，选择一条熔接边界，移动鼠标，可以改变熔接的端点位置。

在"修剪曲面"下拉框中，可以选择需要保留的熔接原始曲面。

图 3-140　熔接曲面　　　　图 3-141　选择曲面 2　　　　图 3-142　边顺序熔接

在"保留曲线"下拉框中，可以选择是否保留熔接原始曲面或保留其中某一个。

3.3.10　三曲面熔接

在三个曲面之间产生一个熔接曲面将三个曲面顺滑地连接起来称为三曲面熔接。

以图 3-143 所示图形为原始曲面。

选择菜单"绘图"→"曲面"→ A三曲面间熔接。

根据状态栏提示选择熔接曲面 1。

移动鼠标至如图 3-144 所示要熔接的位置，单击，出现如图 3-145 所示熔接线 1，即熔接曲面 1 的边界。

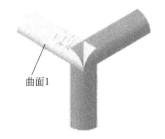

图 3-143　原始曲面　　　　　　　　图 3-144　选择曲面 1

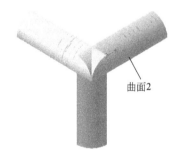

图 3-145　熔接线 1　　　　　　　　图 3-146　选择曲面 2

根据状态栏提示选择熔接曲面 2。

移动鼠标至如图 3-146 所示要熔接的位置，单击，出现如图 3-147 所示熔接线 2，即熔接曲面 2 的边界。

根据状态栏提示选择熔接曲面 3。

移动鼠标至如图 3-148 所示要熔接的位置，单击，出现如图 3-149 所示熔接线 3，即熔接曲面 3 的边界。单击"Enter"键确认。

弹出"三曲面熔接"选项对话框如图 3-150 所示，预览曲面如图 3-151 所示。

如果预览曲面不正确，可以通过单击对话框中各个曲面的方向按钮 来改变曲

图 3-147 熔接线 2

图 3-148 选择曲面 3

图 3-149 熔接线 3

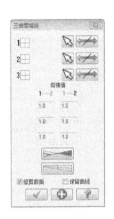

图 3-150 "三曲面熔接"对话框

图 3-151 三面熔接

面的形状。

单击 按钮，确定退出。对话框中其他按钮的功能和"两曲面熔接"相同。这里不再赘述。

3.3.11 三圆角熔接

三圆角熔接命令也可以实现 3 个圆角曲面之间的光滑连接。

仍然以图 3-143 所示图形为原始曲面。

选择菜单"绘图"→"曲面"→ 3 三角圆角曲面熔接 。

按照状态栏的提示，依次选择第一、第二、第三个曲面。

弹出"三个圆角曲面熔接"选项对话框如图 3-152 所示。

熔接后曲面预览如图 3-153 所示。此时生成的熔接曲面是由 3 条边界线构成的。

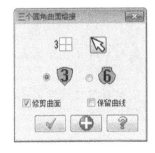

图 3-152 "三个圆角曲面熔接"对话框

图 3-153 三个圆角曲面熔接

在对话框中选择 6 复选框，可以生成 6 条边界构成的熔接曲面。

"修剪曲面"可以设置原始曲面是否被修剪。

"保留曲线"可以设置熔接后是否在熔接处生成曲线。

【例 3-3】 前面学习了曲面的编辑方法，下面将通过电吹风曲面模型的构建，具体学习这些功能的综合运用。电吹风曲面模型如图 3-154 所示。

具体操作方法和步骤如下。

新建一个文件夹，将其命名为"dcf.MCX"。

(1) 电吹风机身曲面

设置视角为等角视图，构图面为右视图，构图深度 Z 为 0，绘制直径值为 84 的圆 1。

设置视角为等角视图，构图面为右视图，构图深度 Z 为 −20，输入圆心坐标 (0，0)，绘制直径值为 80 的圆 2。

设置视角为等角视图，构图面为右视图，构图深度 Z 为 −140，基准点位 (0，0)，绘制长半轴为 40，短半轴为 30 的椭圆，结果如图 3-155 所示。

图 3-154　电吹风

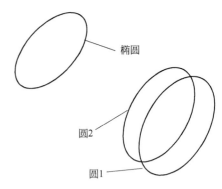

图 3-155　圆和椭圆线架

设置视角为等角视图，构图面为右视图，构图深度 Z 为 −160。

调用 R 距形(R)... 命令，在如图 3-156 所示操作栏中输入圆心坐标 (0，0，−160)，长为 44，宽为 22，生成线架如图 3-157 所示。

图 3-156　矩形工作条

调用 D 两点画弧 命令，根据状态栏的提示点矩形的左上角和右上角点，在操作栏半径输入栏中输入半径值 40。选择需要的圆弧段。

单击 应用按钮，根据状态栏的提示点取矩形左下角和右下角，在操作栏半径输入栏中输入半径值 40。选择需要的圆弧段。

单击 应用按钮，根据状态栏的提示点取矩形中左上角和左下角，在操作栏半径输入栏中输入半径值 20。选择需要的圆弧段。

单击 应用按钮，根据状态栏的提示点取矩形中右上角和右下角，在操作栏半径输入栏中输入半径值 20。选择需要的圆弧段。

单击 确定按钮，生成线架如图 3-158 所示。

调用"删除"命令，选择矩形四条边，单击 Enter 回车确定。

选择菜单"绘图"→"倒圆角"→ C 串连倒圆角 。

弹出"串连选项"对话框，选择串连方式，选择图 3-159 所示线架，单击 确定按

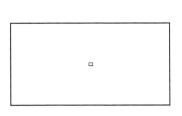

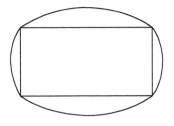

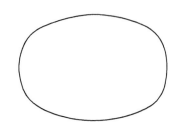

图 3-157　矩形线架　　　图 3-158　绘制圆弧后的矩形　　　图 3-159　四段圆弧

钮，退出，在操作栏中输入倒圆角半径值为 8，单击 应用按钮，线架如图 3-160 所示。

　　设置视角为等角视图，如图 3-160 所示线架要构建生成电吹风的机身曲面需要采用举升曲面。构建举升曲面要求箭头位置对应且箭头指向相同。

　　首先将三个线架在对应位置打断。设置视角为右视图，线架如图 3-161 所示。

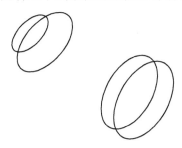

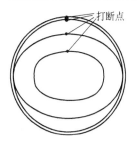

图 3-160　线架　　　　　　　　　　图 3-161　右视图

　　调用"两点打断"命令，选择直径 84 的圆作为被打断图素，选择四等分位点作为被打断点；重复上述方法，打断直径 80 的圆和椭圆；最后选择"$R40$"的圆弧作为被打断图素，选择中点作为被打断点。

　　选择菜单"绘图"→"曲面"→ 直纹/举升曲面 。

　　弹出"串连选项"对话框，选择 串连方式，选择依次选择直径 84 的圆、直径 80 的圆、圆弧和四段圆弧线架，单击 确认按钮，在操作栏中选择 举升方式。单击 应用按钮后生成曲面如图 3-162 所示。

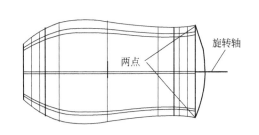

图 3-162　举升曲面　　　　　　　　图 3-163　两点画弧

　　（2）电吹风后盖曲面

　　设置视角为俯视图，构图面为俯视图，构图深度为 0。

　　调用"两点画弧"命令，根据状态栏提示选择如图 3-163 所示两点，在操作栏中输入圆弧半径为 100。

　　调用"绘制任意线"命令，绘制一条经过原点的水平线作为旋转轴。

　　经分析，运用这两条线架构建电吹风后盖曲面，可以运用旋转曲面方法。

选择菜单"绘图"→"曲面"→ R 旋转曲面(R)...，在弹出的"串连选项"对话框中选择单体方式，选择圆弧，单击 ✓ 确定按钮，在旋转工作条上单击 轴按钮，选择直线，输入起始角度为0，终止角度为180，生成旋转曲面如图3-164所示。

（3）电吹风手柄曲面

设置视角和构图面为前视图，构图深度为0。

调用 R 距形(R)... 命令，在矩形工作条中输入中心点坐标为（−50，0，0），长为40，宽为40，生成矩形线架。

选择菜单"绘图"→"倒圆角"→ C 串连倒圆角。

弹出"串连选项"对话框，选择串连方式，选择40×40正方形线架，单击 ✓ 确定按钮，退出，在操作栏中输入倒圆角半径值为10，单击 ⊕ 应用按钮，线架如图3-165所示。

图 3-164　后盖

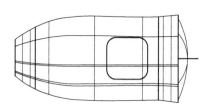

图 3-165　第一个倒角矩形

设置视角和构图面为前视图，构图深度为150。

调用 R 距形(R)... 命令，在操作栏中输入中心点坐标为（−50，0，0），长为32，宽为32，生成矩形线架。

选择菜单"绘图"→"倒圆角"→ C 串连倒圆角。

弹出"串连选项"对话框，选择串连方式，选择32×32正方形线架，单击 ✓ 确定按钮，退出，在操作栏中输入倒圆角半径值为8，单击 ⊕ 应用按钮，线架如图3-166所示。

设置视角为等角视图。

分析线架，运用这两个封闭矩形线架构建电吹风手柄曲面，可以运用直纹曲面方法。构建直纹曲面要求箭头位置对应且箭头指向相同。

设置视角和构图面为前视图，将两矩形对应直线在中点处打断。

选择菜单"绘图"→"曲面"→ L 直纹/举升曲面。

弹出"串连选项"对话框，选择 串连方式，选择依次选择40×40的矩形和32×32的矩形，单击 ✓ 确认按钮，在操作栏中选择 直纹方式。单击 ⊕ 应用按钮后生成曲面如图3-167所示。

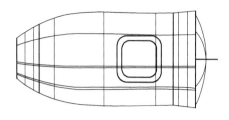

图 3-166　第二个倒角矩形

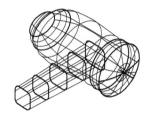

图 3-167　手柄

（4）修剪手柄和机体

从图 3-167 中可以看出电吹风的机体和手柄需要进行修剪。被修剪的对象都是曲面，因此需要采用将曲面修剪至曲面方式。

选择菜单"绘图"→"曲面"→"修剪"→  S 修整至曲面(S)...。

依照状态栏的提示信息选择第一组曲面，在这里选择电吹风机体曲面，按"Enter"键确认；再选择第二组曲面，这里选择电吹风手柄曲面，按"Enter"键确认。

继续依照状态栏的信息，在曲面需要保留部分的区域内任意位置单击，先点取机体曲面的前端，再点取机身曲面的手柄外区域。结果曲面预览如图 3-168 所示。

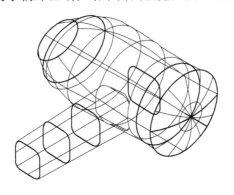

图 3-168　修剪手柄成完整电吹风

若曲面修剪后出现部分曲面没有修剪的情况，可以通过操作栏中的按钮来进行调整。

为了曲面看起来更美观，可以隐藏线架。

选择菜单"荧幕"→"隐藏图素"，选择构建三个曲面的线架，按"Enter"键确认。

单击 ● 图形着色按钮，曲面如图 3-154 所示。

习　　题

1. 根据图 3-169（a）的三维线架，完成图 3-169（b）的曲面创建。

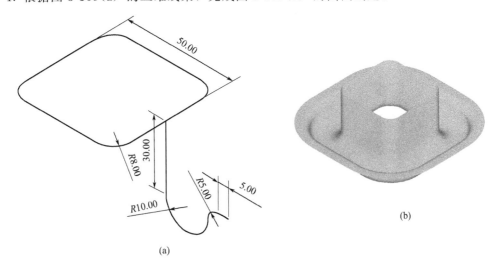

（a）

（b）

图 3-169　习题 1 图

2. 根据尺寸完成综合曲面的构建，如图 3-170 所示。

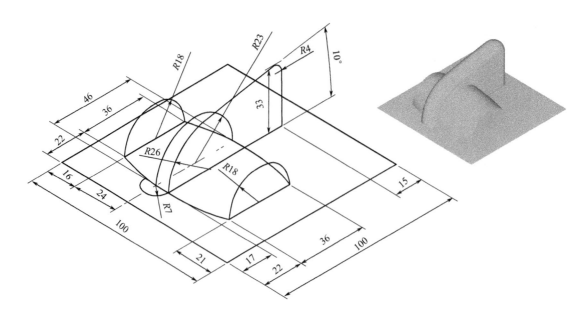

图 3-170　习题 2 图

3. 根据线架尺寸绘制汽车保险杠曲面，如图 3-171 所示。

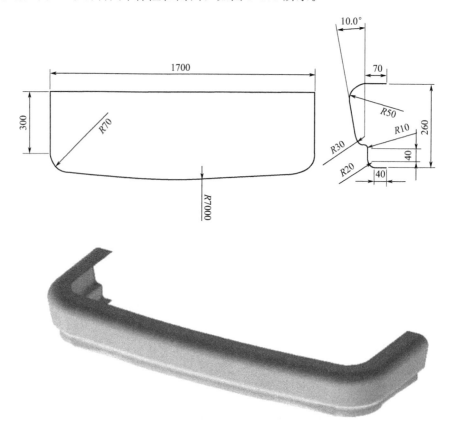

图 3-171　习题 3 图

4. 根据尺寸完成茶壶盖曲面的构建，如图 3-172 所示。

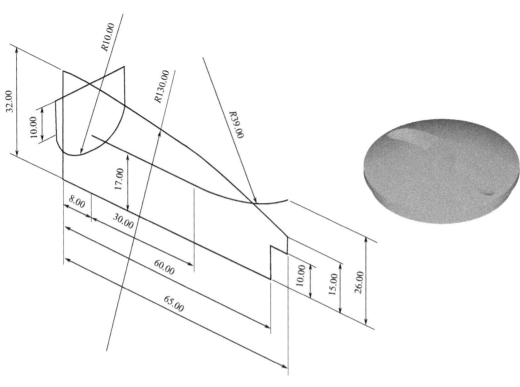

图 3-172 习题 4 图

第 **4** 章

实体造型的构建与编辑

4.1 基本实体

基本实体是指具有规则形状的常用实体，如圆柱体、球体等。系统提供了 5 种基本实体的设计功能。单击菜单"绘图"→"基本曲面/实体"，弹出如图 4-1 所示基本实体子菜单。

图 4-1 基本实体菜单

其中各命令功能如下。

① "画圆柱体"命令用于构建一个指定半径和高度的圆柱体。

② "画圆锥体"命令用于构建一个指定半径和高度的圆锥体或圆台。

③ "画立方体"命令用于创建一个指定长度、宽度和高度的立方体。

④ "画球体"命令用于创建一个指定半径的球体。

⑤ "画圆环体"命令用于创建一个指定轴心圆半径和截面圆半径的圆环体。

具体操作的详细步骤与"3.2.1 基本曲面"中圆柱曲面、圆锥曲面、立方体曲面、球面及圆环面一一对应相同。

只需要在"圆柱体"选项对话框、"圆锥体"选项对话框、"立方体"选项对话框、"球体"选项对话框和"圆环体"选项对话框中的选项中选择"实体"选项即可,如图 4-2 所示。

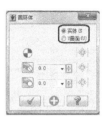

图 4-2　各种基本实体选择对话框

4.2　曲线创建实体

4.2.1　挤出实体

"挤出实体"就是将二维轮廓图形沿着某一方向拉伸指定长度而产生的实体或薄壁体。

单击菜单"实体"→ X 挤出实体(X)…,或直接在如图 4-3 所示"实体"工具栏上单击 挤出实体按钮,都可以调用实体工具。

弹出如图 4-4 所示"串连选项"对话框,选择串连方式,拾取图 4-5 中的六边形曲线,单击 确定按钮。

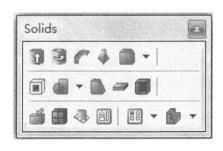
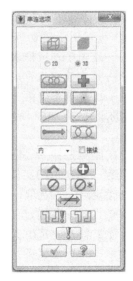

图 4-3　实体工作条　　　　　　　　图 4-4　"串连选项"对话框

弹出如图 4-6 所示"实体挤出的设置"对话框,包括"挤出"和"薄壁设置"两个选项卡。

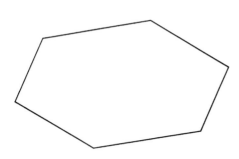

图 4-5 六边形线架

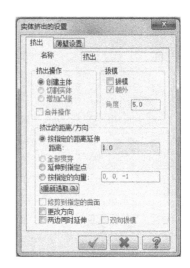

图 4-6 "实体挤出的设置"对话框

(1)"挤出"选项卡

①"名称"输入栏中填入拉伸实体的名称。

②"挤出操作"选项用于设置挤出操作的模式。分为三种:创建主体、切割实体和增加凸缘。其中"创建主体"是独立的实体模式,不需要借助于其他的实体;"切割实体"和"增加凸缘"都需要借助已经生成的实体来构建。因此当设计中已构建实体的数目为 0 时,这三种操作模式只有"创建主体"模式可选,另外两种模式都处于不可选状态。具体含义如下。

a. 创建实体——建立全新的实体。

b. 切割实体——创建实体用于切除其他实体。即挤出的实体作为工具实体和选取的目标实体进行布尔运算求差运算。

c. 增加凸缘——在其他实体的基础上再增加一个挤出实体。即挤出的实体作为工具实体和选取的目标实体布尔运算求和运算。

③"拔模"设置用于建立挤出实体的倾斜方向和角度。

a. 拔模——选中该复选框表示拔模设置生效,否则挤出实体没有拔模。

b. 朝外——选中该复选框表示拔模方向朝外,否则朝内。

c. 角度——设置沿着拔模方向的角度。

④"挤出的距离/方向"设置用于指定挤出的方向和距离。共有 4 种方式,具体含义如下。

a. 按指定的距离延伸——通过在距离输入栏中输入数值来确定挤出的距离。

b. 全部贯穿——在切割实体模式下,切割距离完全贯穿被切割的目标实体。

c. 延伸到指定点——选取一个点,作为实体挤出到的位置。

d. 按指定的向量——通过向量来确定挤出实体的挤出方向和距离。比如向量 (0, X, 0),则表示沿着 Y 轴方向挤出 X 个距离。

e. 重新选取——单击该按钮可以重新设置挤出的方向。

f. 修剪到指定的曲面——将实体挤出到某一指定曲面。

g. 更改方向——选择当前已选方向的反方向作为挤出的方向。

h. 两边同时延伸——挤出操作同时在正反两个方向生成。

i. 双向拔模——在双向挤出的同时设置相同的双向拔模角度。

在"实体挤出的设置"对话框的中选择"挤出"选项卡，选择"创建主体"，向外拔模角度10，挤出距离30，挤出方向预览如图4-7所示，单击绿色箭头可以改变方向，或者在图4-6的对话框中单击"更改方向"，均可以切换方向，单击 ✓ 确定按钮，生成实体如图4-8所示，单击着色按钮 ● 可以着色显示。

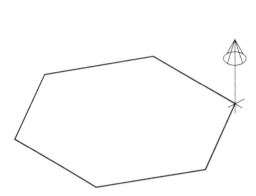

图4-7 挤出方向预览图

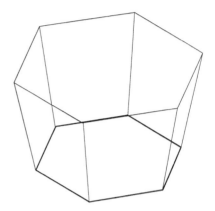

图4-8 挤出实体

在俯视图构图面Z为0的位置绘制半径为8的圆，圆心在原点。

再次单击菜单"实体"→ ⬆ X 挤出实体(X)…。

在弹出的"串连选项"对话框，选择 ⟋ 单体方式，拾取图中的圆形，单击 ✓ 确定按钮。预览方向如图4-9所示。

弹出"实体挤出的设置"对话框，选择"挤出"选项卡，选择"切割主体"，没有拔模，选择"完全贯穿"，并选择"更改方向"复选框，单击 ✓ 确定按钮，生成实体如图4-10所示。

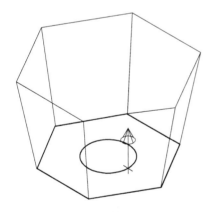

图4-9 切割实体方向预览图

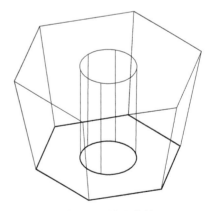

图4-10 挤出实体

若在上述弹出的"实体挤出的设置"对话框中，选择"挤出"选项卡，选择"增加凸缘"，设置拔模角度向内5，指定挤出的向量为（0，0，80），方向预览如图4-11所示。

单击 ✓ 确定按钮，生成实体如图4-12所示。

（2）"薄壁设置"选项卡

单击"实体挤出的设置"对话框中的"薄壁设置"选项卡，其中相关选项含义如下。

①"薄壁设置"复选框，是生成薄壁实体与否的开关选项。

②"厚度朝内"指以轮廓线向内加厚生成薄壁实体。

③"厚度朝外"指以轮廓线向外加厚生成薄壁实体。

④"朝内的厚度"指向内加厚的薄壁厚度。

⑤"朝外的厚度"指向外加厚的薄壁厚度。

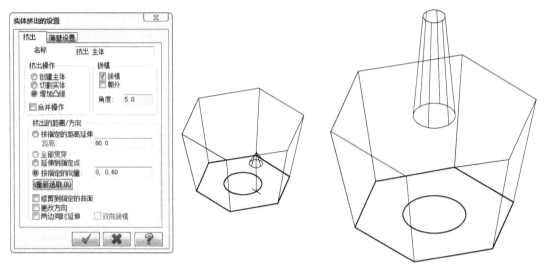

图 4-11　挤出方向预览图　　　　　　图 4-12　增加凸缘方式挤出实体

在"实体挤出的设置"对话框中选择"挤出"选项卡，选择"创建主体"，不设拔模，挤出距离 45；然后选择"薄壁设置"选项卡，选择"薄壁设置"复选项，选中厚度朝外，设置朝内厚度为 1，朝外厚度为 3，挤出方向预览如图 4-13 所示，单击 ✔ 确定按钮，生成实体如图 4-14 所示。

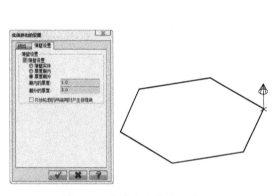

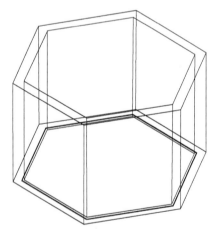

图 4-13　薄壁方式挤出预览图　　　　　图 4-14　薄壁方式挤出实体

4.2.2　旋转实体

"旋转实体"就是指将旋转截面图形绕着指定的旋转轴线，旋转指定角度而生成的实体或薄壁体。

单击菜单"实体"→ R 实体旋转(R)... ，或直接在如图 4-3 所示"实体"工具栏上单击 实体旋转按钮。弹出如图 4-4 所示"串连选项"对话框，选择串连方式，拾取图中的六边形，

单击 ▢ 确定按钮。

根据状态栏提示选择图 4-15 中的直线作为旋转轴线。

弹出"方向"对话框同时旋转实体的旋转方向预览在绘图区中，显示如图 4-15 所示。单击 ▢ (A) 按钮，可以重新选择旋转轴；单击 ▢ R换向(R) 按钮，可以切换旋转方向。旋转实体和旋转曲面的方向判断方法相同，都符合右手螺旋定则。单击 ▢ 确定按钮。

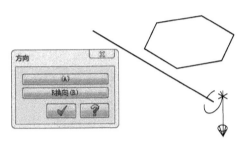

图 4-15　旋转线架

图 4-16　"旋转实体的设置"对话框

弹出如图 4-16 所示"旋转实体的设置"对话框，包括"旋转"和"薄壁设置"两个选项卡。

（1）"旋转"选项卡

①"名称"输入栏中填入旋转实体的名称。

②"旋转操作"选项用于设置三种模式：创建主体、切割实体和增加凸缘。它们的含义和挤出实体的对应模式相同，详细介绍见"4.2.1 挤出实体"。

③"角度/轴向"选项用于设置旋转轴的方向和截面图形的旋转角度。

a. 起始角度——截面被旋转的起始角度。

b. 终止角度——截面被旋转的终止角度。

c. 重新选取——重新选取旋转轴和方向。

d. 换向——更改旋转方向为已设置方向的反向。

在"旋转实体的设置"对话框中选择"旋转"选项卡，选择"创建主体"；设置起始角度为 0，终止角度为 180；单击 ▢ 确定按钮，生成实体如图 4-17 所示。

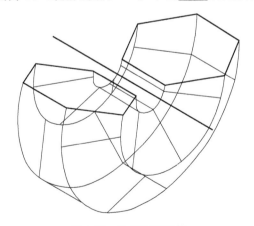

图 4-17　生成旋转实体

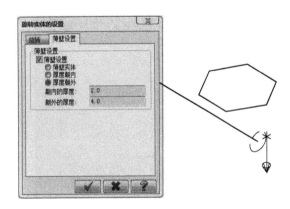

图 4-18　薄壁旋转实体设置预览

（2）"薄壁设置"选项卡

单击"旋转实体的设置"对话框中的"薄壁设置"选项卡，对话框如图4-18所示。其中相关选项含义与挤出实体中的薄壁设置完全相同，详见"4.2.1挤出实体"。

在"旋转实体的设置"对话框的中选择"旋转"选项卡，选择创建主体；设置起始角度为0，终止角度为180。

然后选择"薄壁设置"选项卡，选择"薄壁设置"复选项，选中"厚度朝外"，朝内厚度为2，朝外厚度为4，单击 ✓ 确定按钮，生成实体如图4-19所示。

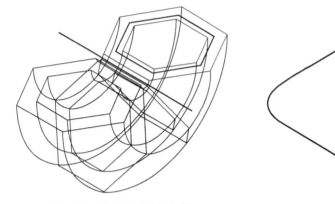

图4-19 生成薄壁旋转实体

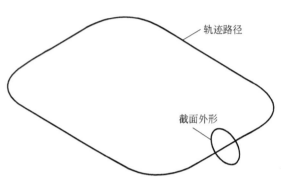

图4-20 扫描线架

4.2.3 扫描实体

"扫描实体"就是指将截面图形沿着指定的路径轨迹图形移动而形成的实体。

单击菜单"实体"→ S扫描实体(S)...，或直接在如图4-3所示"实体"工具栏上单击 实体旋转按钮。

弹出如图4-4所示"串连选项"对话框，选择单体方式，拾取图4-20中的截面图形，单击确定 ✓ 按钮。

再次弹出如图4-4所示"串连选项"对话框，选择 串连方式，拾取图4-20中的轨迹路径图形，单击 ✓ 确定按钮。

弹出"扫描实体的设置"对话框如图4-21所示。

选择扫描操作的方式也有三种，含义同前，这里选择"创建主体"。

单击 ✓ 确定按钮。生成扫描实体如图4-22所示。

图4-21 生成薄壁旋转实体

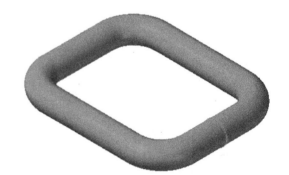

图4-22 扫描实体

当然，扫描实体可以设置多条截面轮廓，也可以设置多条轨迹路径线。操作时根据状态栏提示选择所有的截面轮廓后再单击 ✓ 确定按钮，然后选择所有的轨迹路径线再单击确

定 ✓ 按钮即可。

切割主体和增加凸缘的方式跟前边挤出实体方式雷同，就不再赘述。

4.2.4 举升实体

"举升实体"是指选择多个截面图形产生的平滑实体。

单击菜单"实体"→ 🔽 L 举升实体(L)…，或直接在如图 4-3 所示"实体"工具栏上单击 🔽 实体旋转按钮。

弹出如图 4-4 所示"串连选项"对话框，选择 ⊂◯◯⊃ 串连方式，依次拾取图 4-23 中的截面图形，注意选择各轮廓的时候要注意起始点和方向的一致性，单击 ✓ 确定按钮。

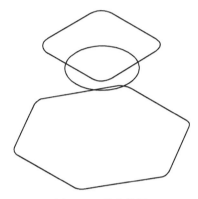

图 4-23 举升线架

图 4-24 "举升实体的设置"对话框

弹出"举升实体的设置"对话框，选择"创建主体"操作模式，如图 4-24 所示，单击 ✓ 确定按钮，生成实体如图 4-25 所示。

若选择 ☑以直纹方式产生实体 直纹方式复选框，生成实体如图 4-26 所示。

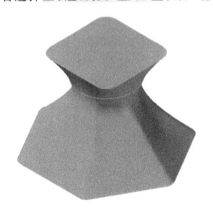

图 4-25 举升曲面

图 4-26 直纹方式生成的举升曲面

举升实体、直纹实体的构建注意事项和举升/直纹曲面相同。

【例 4-1】 根据图 4-27 所示绘制三维线架，构建异形连杆实体。

具体操作方法和步骤如下。

新建一个文件，将其命名为"yxlg.MCX-6"。

（1）连杆头部

设置视角和构图面为俯视图，构图深度 Z 为 0。

调用 ▣ R 距形(R)… 命令，设置中心点方式绘矩形，基准点为原点，矩形长度为 32，宽

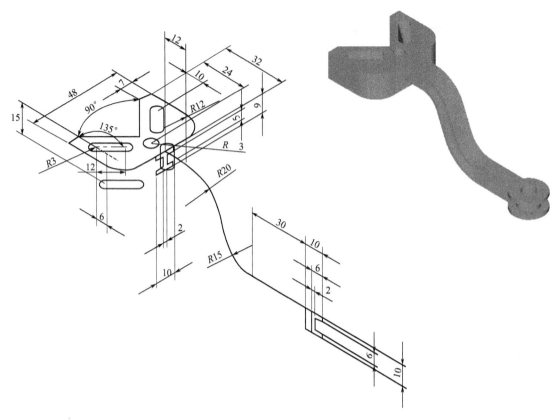

图 4-27　异形连杆

度为 48。单击 ✓ 确定按钮。

调用 ⌐ E 倒圆角(E)... 命令，根据状态栏提示拾取倒圆角的两条边，在操作栏中输入倒圆角半径为 12，"普通"类型，"修剪"模式，单击 ✓ 确定按钮，线架如图 4-28 所示。

调用 ╲ E 绘制任意线(E)... 命令，根据状态栏提示"指定第一点"，选择"相对点"方式，如图 4-29 所示。

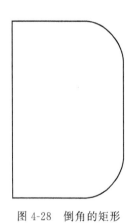

图 4-28　倒角的矩形

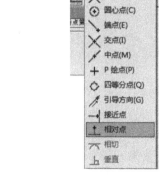

图 4-29　相对点

拾取图 4-28 中的左上角点。操作栏转换成图 4-30 所示。在相对坐标输入栏中输入"y−7"，单击 ✓ 确定按钮。

操作栏转化成图 4-31 所示，设置长度为 25，角度为－45。

再次调用 E 绘制任意线(E)... 命令，重复前面的操作，选择图 4-28 的左下角点作为相对点，在相对坐标输入栏中输入"y7"，设置长度为 25，角度为 45。生成线架如图 4-32 所示。

图 4-30　相对点工作条

图 4-31　直线工作条

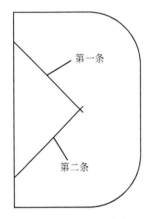

图 4-32　绘制两直线

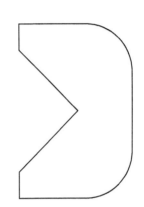

图 4-33　修剪曲线

调用 T 修剪/打断/延伸(T) 命令，将线架修剪成如图 4-33 所示。

将线型设置为点画线。

调用 E 绘制任意线(E)... 命令，过点 1 作距离为 10mm 的水平线作为定位线。

调用 A 绘制平行线(A)... 命令，作 45°线段的平行线，且经过 10mm 水平线的右端点，如图 4-34 所示。

将线型改为粗实线。绘制半径为 3 的圆，圆心在两条点画线的交点处，如图 4-35 所示。

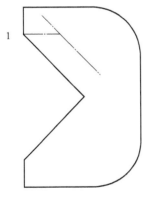

图 4-34　作辅助线

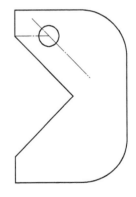

图 4-35　绘制直径为 6 的圆

删除 45°的点画线。

调用 E 绘制任意线(E)... 命令，绘制一条长度为 12 角度为－45 的定位线。

调用 C 圆心+点(C)... 命令，绘制半径为 3 的圆，如图 4-36 所示。

调用 ✎ E 绘制任意线(E)... 命令，分别拾取与直线相切的两圆，绘制两条切线如图 4-37 所示。

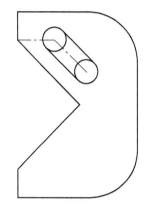

图 4-36　绘制直径为 6 的另一圆

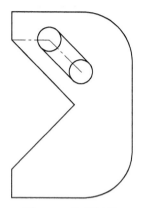

图 4-37　绘制切线

调用 ✎ T 修剪/打断/延伸(T) 命令，修剪曲线如图 4-38 所示。

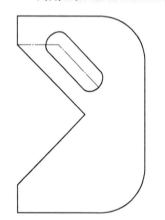

图 4-38　修剪切线

图 4-39　"平移"对话框

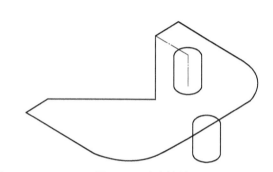

图 4-40　平移结果

设置视角为等角视图，其余不变。

调用 📐 T 平移(T)... 命令，拾取图 4-38 中键槽，单击"Enter"键确定，弹出如图 4-39 所示对话框，设置"复制"模式，在直角坐标中输入平移目标点的坐标（6，0，－15），单击 ☑ 确定按钮。生成线架如图 4-40 所示。

调用 ⋈ M 镜像(M)... 命令，拾取两个键槽形状作为镜像对象，单击"Enter"键，弹出"镜像"对话框，设置如图 4-41 所示，生成线架如图 4-42 所示，单击 ☑ 确定按钮。

调用 ⬆ X 挤出实体(X)... 命令，弹出"串连选项"对话框，选择串连方式，拾取图形中外框线架，单击 ☑ 确定按钮。

弹出"挤出实体选项"对话框，选择"创建主体"，无拔模，指定延伸距离设为 15，挤出方向向下。生成实体如图 4-43 所示。

调用 ⬇ L 举升实体(L)... 命令，弹出"串连选项"对话框，选择串连方式，拾取图形中对应上下一组键槽，单击 ☑ 确定按钮。

弹出"举升实体选项"对话框，选择"切割主体"，选择以直纹方式产生复选框，单击 ☑ 确定按钮。

再次调用 ⬇ L 举升实体(L)... 命令，弹出"串连选项"对话框，选择串连方式，拾取图形中另一组上下对应的键槽，单击 ☑ 确定按钮。

弹出"举升实体选项"对话框,选择"切割主体",选择以直纹方式产生复选框,单击 确定按钮。生成实体如图 4-44 所示。

图 4-41 "镜像"对话框

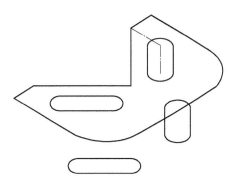

图 4-42 镜像结果

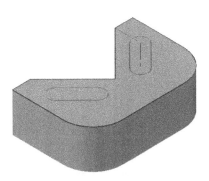

图 4-43 挤出实体

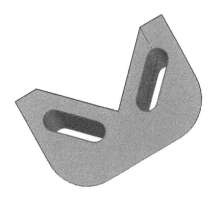

图 4-44 举升切割实体

单击菜单"屏幕"→ B 隐藏图素(B) 取连杆头部实体及线架,单击"Enter"键确认。

(2)连杆杆身

设置视角为等角视图,构图面为右视图,构图深度 Z 为 16。

调用 E 绘制任意线(E)... 命令,根据状态栏提示键盘输入第一点(0,0),操作栏如图 4-45 所示。

图 4-45 直线工作条

单击 连续线方式,依次在极坐标输入栏中输入坐标(5,0°)(2,270°)(4,180°)(5,270°)(4,0°)(2,270°)(5,180°),生成线架如图 4-46 所示。

调用 M 镜像(M)... 命令,图 4-46 中所有线架,单击"Enter"键,弹出"镜像"对话框。设置:复制模式,对称轴选用 两点方式,分别拾取线架开口的两端点,生成线架如图 4-47 所示,单击 确定按钮。

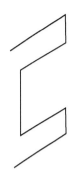

图 4-46　工字线架

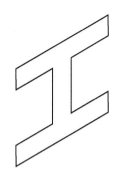

图 4-47　工字线架镜像

设置视角为等角视图，构图面为前视图，构图深度 Z 为 0。

调用 ✎ E 绘制任意线(E)... 命令，根据状态栏提示键盘输入第一点（0，0），第二点在操作栏中输入（12，0°）。单击 ✔ 确定按钮。

调用 🌙 O 极坐标画弧 (O)... 命令，在如图 4-48 所示操作栏中单击选择 终点方式。拾取直线右端点作为终点，输入半径为 20，起始角度 0，终止角度为 90，单击 ✔ 确定按钮。

图 4-48　极坐标画弧工作条

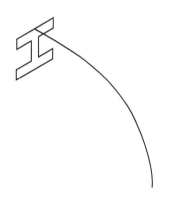

图 4-49　极坐标画弧已知终止点

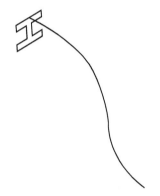

图 4-50　极坐标画弧已知起始点

调用 🌙 O极坐标画弧(O)...命令，在如图 4-48 所示操作栏中单击选择 起点方式。拾取前面所绘圆弧终点，输入半径为 15，起始角度 180，终止角度为 270，单击 ✔ 确定按钮。生成线架如图 4-49 所示。

调用 ✎ E 绘制任意线(E)... 命令，根据状态栏提示拾取第一点图 4-49 中圆弧终点，第二点在操作栏中输入长度 30，角度 0。单击 ✔ 确定按钮生成线架如图 4-50 所示。

单击菜单"屏幕"→ 🗐 U 恢复隐藏的图素(U)。

拾取连杆头部实体，单击"Enter"键确认。

调用 🗲 S 扫描实体(S)...命令，弹出"串连选项"对话框，选择 串连方式，根据状态栏提示拾取扫描的截面图形工字形线架，单击 ✔ 确定按钮，再拾取扫描路径线架，单击 ✔ 确定按钮，弹出"扫描实体"对话框，选择"增加凸缘"模式，单击 ✔ 确定按钮。实体如图 4-51 所示。

图 4-51 扫描杆身

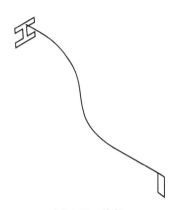

图 4-52 线架

单击菜单"屏幕"→ B 隐藏图素(B) ，拾取连杆头部和杆部实体，单击"Enter"键确认。

（3）连杆尾部

设置视角为等角视图，构图面为前视图，构图深度 Z 为 0。

调用 R 矩形(R)... 命令，根据状态栏提示拾取长度为 30 的直线右端点，在操作栏中输入长度为 4，高度为－10，生成线架如图 4-52 所示。

单击菜单"屏幕"→ B 隐藏图素(B) ，拾取连杆杆部实体的线架，单击"Enter"键确认。

调用【 E 绘制任意线(E)... 】命令，根据状态栏提示拾取矩形右上角点作为第一点，在操作栏中单击 连续线方式，依次在极坐标输入栏中输入坐标（6，0°）(2，－90°)(4，－180°)(6，－90°)(4，0°)(2，270°)(6，180°)，生成线架如图 4-53 所示。

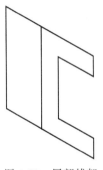

图 4-53 尾部线架

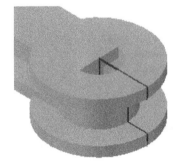

图 4-54 尾部旋转实体

单击菜单"屏幕"→ U 恢复隐藏的图素(U) 。

拾取连杆杆身实体，单击"Enter"键确认。

调用 R 实体旋转(R)... 命令，弹出"串连选项"对话框，选择 方式，拾取图 4-53 中矩形右侧的图形，单击 确定按钮。

根据状态栏提示选择图 4-53 中的矩形左边竖线作为旋转轴线。

弹出"方向"对话框，单击 确定按钮。

弹出"旋转实体"对话框，选择"增加凸缘"模式，设置起始角度为"0°"，终止角度为"0°"，单击 确定按钮，生成实体如图 4-54 所示。

再次调用 R 实体旋转(R)... 命令，弹出"串连选项"对话框，选择 方式，拾取图 4-53 中矩形图形，单击 确定按钮。

根据状态栏提示选择图 4-53 中的矩形左边竖线作为旋转轴线。

弹出"方向"对话框，单击 ✓ 确定按钮。

弹出"旋转实体"对话框，选择"切割实体"模式，设置起始角度为"0°"，终止角度为"360°"，单击 ✓ 确定按钮。

单击菜单"屏幕"→ B 隐藏图素(B)，拾取连杆实体的线架，单击"Enter"键确认。生成实体如图 4-27 所示。

4.3 实体编辑

要实现零件的建模，不仅要构建实体还需要对其进行编辑。实体的编辑功能包括倒圆角、倒角、抽壳等。要求能综合运用编辑方法对实体进行编辑。

4.3.1 倒圆角

倒圆角的作用是在实体的边生成设定曲率半径的圆形表面，该曲面与相邻的两个面是相切关系。

单击菜单"实体"→"倒圆角"，弹出如图 4-55 所示子菜单，包括两种类型的倒圆角方式：一种是实体倒圆角，一种是面与面倒圆角。两种倒圆角的拾取条件不同。

（1）实体倒圆角

"实体倒圆角"命令倒圆角的对象可以是边界、平面或是实体。

首先绘制原始实体如图 4-56 所示。

图 4-55 倒圆角菜单

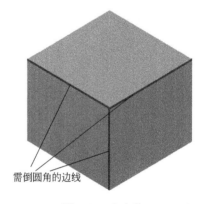

图 4-56 立方体

选择菜单"实体"→"倒圆角"→ F 实体倒圆角(F)...。

拾取图 4-56 中需要倒圆角的边线，单击"Enter"键。

弹出如图 4-57 所示"实体倒圆角参数"对话框。选择"固定半径"复选框，在"半径"输入栏中设定圆角半径值 10。

单击对话框中的 ✓ 确定按钮，生成如图 4-58 所示的倒圆角曲面。

在窗口左侧栏目的特征树中右击选择 圆角 项目，在弹出的菜单中选择"删除"命令，然后单击上方的 全部重建 按钮，前面构建的圆角就成功删除了。

在"实体倒圆角参数"对话框的最下方有两个复选框。

① 一个是"角落斜接"复选框，该复选框只有在"固定半径"方式时才能使用。用于设置相交于一个角点的 3 条或 3 条以上的边进行倒圆角操作时角点处的倒圆角处理方式。不选择该复选框可以生成一个光滑的曲面，若选择该复选框则生成非光滑曲面。

图 4-57 "实体倒圆角参数"对话框

图 4-58 立方体倒圆角

在"实体倒圆角参数"对话框中选择"角落斜接"复选框，生成圆角曲面如图 4-59 所示。三条边线的交汇处出现一个尖点。

图 4-59 角落斜接

图 4-60 沿切线边界延伸倒圆角

② 另一个是"沿切线边界延伸"复选框，该复选框可以自动选取与选取边线相切的其他边。倒圆角命令对于这些边线都生效。

将长方体的四条竖边倒圆角，半径为 10，如图 4-60 所示。

调用 ⬤ F实体倒圆角(F)... 命令，选择图 4-60 中的边线，在对话框中设定倒圆角半径为 8，生成圆角如图 4-61 所示；如果在对话框中选择"沿切线边界延伸"复选框，所有与之相切的边线都被选中，倒圆角结果如图 4-62 所示。

图 4-61 选中的边倒圆角

图 4-62 沿切线边界延伸倒圆角

在窗口左侧栏目的特征树中删除前面所有倒圆角。选择一条边线进行变化半径倒圆角。

在如图 4-63 所示"实体倒圆角参数"对话框中选择"变化半径"复选框，单击 编辑(E) 按钮。

弹出如图4-63所示的下拉菜单。单击"中点插入"命令，可以在两个点的中点处插入一个点，选择"目标边界中的一段"，在任意位置单击，弹出输入栏如图4-63所示，输入新的半径值5，单击"Enter"键，单击对话框中的 ✓ 确定按钮，生成变化半径圆角如图4-64所示。

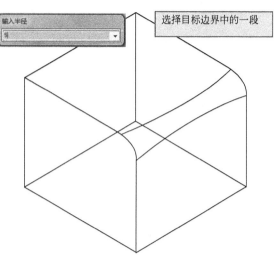

图4-63 "实体倒圆角参数"对话框　　　　图4-64 变半径倒圆角

单击"动态插入"命令，拾取边线上的一点，移动鼠标至需要插入点的位置，单击，如图4-65所示箭头尾部代表鼠标位置，在弹出的输入栏中输入新的半径值3。生成变化半径圆角如图4-66所示。

单击"修改位置"命令，拾取边线上的动态插入点，移动鼠标至目标位置，单击对话框中的 ✓ 确定按钮。生成变化半径圆角。

单击"修改半径"命令，选择边线上的中点，在弹出的输入栏中设置半径值为8，单击"Enter"键，生成新的圆角曲面。

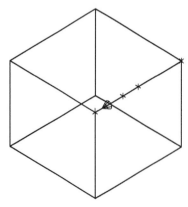

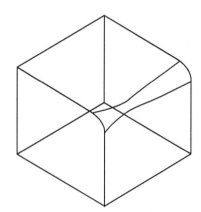

图4-65 插入点　　　　　　图4-66 插入点变半径倒圆角

单击"移动"命令，可以移除之前建立的边线上的点，选择边线上的中点，单击"Enter"键。

单击"循环"命令，可以检查和修改边线上已经建立点的位置和半径值，单击"Enter"键，依次显示各点的半径对话框，所有点检查完毕后会弹出"实体倒圆角参数"对话框，单击 ✓ 确定按钮即可。

在变半径倒圆角中有"线性"和"平滑"两种模式。生成圆的图形也不同。线性方式的曲面较为生硬，平滑方式的曲面较圆滑些。

倒圆角的对象可以是边线、曲面或是实体。在选取时要注意鼠标右下方的图标显示和拾取的对象性质保持一致。

或者可以通过操作栏中的按钮来约束，如图 4-67 中所示，单击第一个按钮，限制拾取对象只能是线；单击第二个按钮，限制拾取对象只能是面；单击第三个按钮，限制拾取对象只能是体。当然也可以根据需要同时选择 3 个按钮或是 2 个。

当需要拾取实体背面的某平面时可以先单击图 4-67 中的"从背面"按钮来实现。

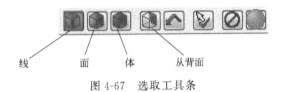

图 4-67 选取工具条

（2）面与面倒圆角

对图 4-56 所示的立方体，选择菜单"实体"→"倒圆角"→ A 面与面导圆角(A)… 。

根据状态栏提示拾取第一组曲面：四周的铅垂面，单击"Enter"键；拾取第二组曲面：上表面，单击"Enter"键，弹出如图 4-68 所示"实体的面与面倒圆角参数"对话框。在"半径"输入栏中设定圆角半径值 10。单击对话框中的 ✓ 确定按钮，生成圆角如图 4-69 所示。

图 4-68 "实体的面与面倒圆角参数"对话框

图 4-69 面与面倒圆角

4.3.2 倒角

倒角功能可以在实体的边界线处生成一个指定角度的斜面。根据提供的条件不同分为三种类型，分别是：单一距离倒角、不同距离倒角和距离/角度倒角。

单击菜单"实体"→"倒角"，弹出如图 4-70 所示子菜单。

（1）单一距离倒角

绘制原始实体如图 4-56 所示。

选择菜单"实体"→"倒角"→ O 单一距离倒角(O)… 。

根据状态栏提示拾取需要倒角的上表面，单击"Enter"键。

弹出如图 4-71 所示"实体倒角参数"对话框。输入"距离"8，单击 ✓ 确定按钮，生成倒角如图 4-72 所示。

（2）不同距离倒角

选择菜单"实体"→"倒角"→ T 不同距离(T)… 。

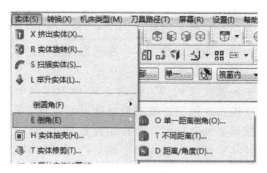

图 4-70　倒角菜单

图 4-71　"实体倒角参数"对话框

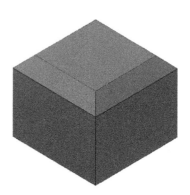

图 4-72　倒角结果

根据状态栏提示拾取需要倒角棱线，单击"Enter"键。

弹出如图 4-73 所示"选取参考面"对话框，此时绘图区高亮的曲面将作为"距离 1"的对应面，单击"其他的面"按钮，可以切换高亮曲面。选择好后单击 ✓ 确定按钮。

图 4-73　"选取参考面"对话框

图 4-74　不同距离参数设定

继续选择其他需要倒角的对象，重复上述操作。

若没有需要倒角的其他对象则单击"Enter"键。

弹出如图 4-74 所示"实体倒角参数"对话框。在"距离 1"输入栏输入 16，在"距离 2"输入栏输入 8。单击 ✓ 确定按钮，生成倒角如图 4-75 所示。

（3）距离/角度倒角

选择菜单"实体"→"倒角"→ D 距离/角度(D)... 。

根据状态栏提示拾取需要倒角棱线，单击"Enter"键。

弹出如图 4-73 所示"选取参考面"对话框，此时绘图区高亮的曲面将作为"距离"的对应面，单击"其他的面"按钮，可以切换高亮曲面。选择好后单击 ✓ 确定按钮。

继续选择其他需要倒角的对象，重复上述操作。

若没有需要倒角的其他对象则单击"Enter"键。

弹出如图 4-76 所示"实体倒角参数"对话框。在"距离"输入栏输入 16，在"角度"输入栏输入 30。单击 ✓ 确定按钮，生成倒角如图 4-77 所示。

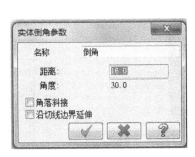

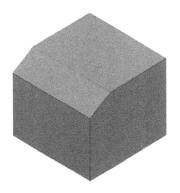

图 4-75　不同距离倒角　　　图 4-76　距离/角度参数设置　　　图 4-77　倒角结果

4.3.3　实体抽壳

实体抽壳功能就是将实心的实体转变为具有一定厚度的空心实体。根据实际需要分为面抽壳和体抽壳。其中面抽壳是开放的薄壁实体，体抽壳是封闭的薄壁实体。

单击菜单"实体"→ ◎ H 实体抽壳(H)… 。

拾取需要开启的面，可以选择多个面，完成后单击"Enter"键。

弹出如图 4-78 所示"实体薄壳"对话框，设置薄壳方向朝内，厚度为 5，单击确定 ✓ 按钮，生成抽壳实体如图 4-79 所示。

如果不拾取面，拾取需要抽壳的体，完成后单击"Enter"键。

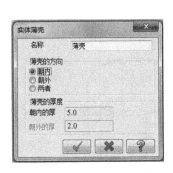

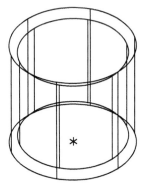

图 4-78　"实体薄壳"对话框　　　图 4-79　面抽壳　　　图 4-80　体抽壳

弹出如图 4-78 所示"实体薄壳"对话框，设置薄壳方向朝内，厚度为 5，单击 ✓ 确定按钮，生成抽壳实体无变化，单击键盘"Alt"＋"S"键实体如图 4-80 所示。实体变成了一个封闭的空心实体，每个面的壁厚都为 5。

4.3.4　实体修剪

实体修剪功能可以运用平面、曲面或薄壁实体对实体进行裁剪。

绘制原始实体如图 4-81 所示。

选择菜单"实体"→ ◢ T 实体修剪(T)… 。

弹出如图 4-82 所示"修剪实体"对话框，在对话框中选择修剪到"平面"方式。

图 4-81　原始实体

图 4-82　"修剪实体"对话框

弹出"平面选择"对话框，选择 视角方式按钮。

弹出"视角选择"对话框，选择俯视图。单击 确定按钮。

返回"平面选择"对话框，在 坐标输入栏中输入 30，单击 确定按钮。

返回"修剪实体"对话框，单击 确定按钮。修剪实体预览如图 4-83 所示，修剪后实体如图 4-84 所示。

若单击"修剪实体"对话框中的 按钮，单击 确定按钮，修剪后实体为另一部分，注意箭头所指的是最后要保留的部分。

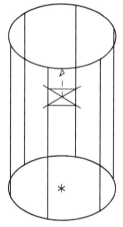

图 4-83　修剪实体预览

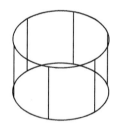

图 4-84　修剪后实体

若单击"修剪实体"对话框中的 复选框按钮，单击 确定按钮，修剪后实体如图 4-85 所示。只修剪不删除。

在原始实体圆柱体中绘制一曲面如图 4-86 所示。

调用 实体修剪(T)... 命令，在弹出的"修剪实体"对话框中选择修剪到"曲面"方式。

根据状态栏提示拾取曲面。观察预览图形中箭头指向朝下。单击 确定按钮，修剪后实体预览如图 4-87 所示，最后所得实体如图 4-88 所示。

如果用于修剪实体的是一个薄片实体，可以采用对话框中的第三种方式。方法同前两种。差别在于需要将曲面先变成薄片实体，再进行修剪。

图 4-85　修剪后不删除实体

图 4-86　原始实体加曲面

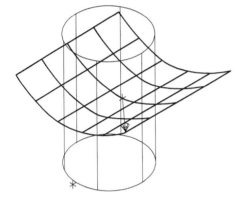

图 4-87　曲面修剪预览

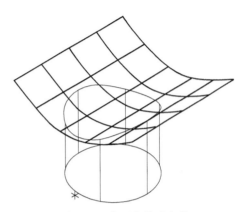

图 4-88　曲面修剪后实体

具体操作方式先单击 弹出如图 4-89 所示的对话框，单击确定，完成绘图曲内所有的曲面到实体的转变，但是此时转变成的曲面是没有厚度的，称为薄片实体。也可以用薄片实体完成实体的修剪，方法同上，这里就不赘述，过程如图 4-90 所示。

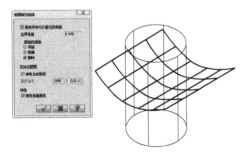

图 4-89　曲面生成薄片实体

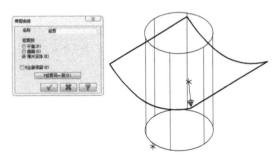

图 4-90　薄片实体修剪实体

4.3.5　薄片实体加厚

该功能的作用是将由实体转变来的薄片实体进行加厚。

选择菜单"实体"→ K 薄片实体加厚(K)...，弹出"增加薄片实体的厚度"对话框，设置"厚度"，选择"单侧"或"双侧"，单击确定按钮。

4.3.6　移动实体表面

移动实体表面功能可以将实体面进行一定角度的倾斜，以便脱模。

绘制原始实体如图 4-91 所示。

选择菜单"实体"→ M 移动实体表面(M)...，根据状态栏提示选取需要移除面的实体：圆柱；再选择需要移除的面：圆柱的上表面。单击"Enter"键。

弹出如图 4-91 所示"移除实体的表面"对话框，选择原始实体"删除"方式，单击 ✓ 确定按钮，生成实体如图 4-92 所示。

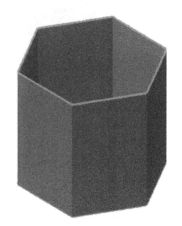

图 4-91　"移除实体的表面"对
话框及原始实体

图 4-92　移除后实体

4.3.7　牵引实体

牵引实体功能可以将选择的实体面倾斜一定的角度。

选择菜单"实体"→ D 牵引实体(D)...。

根据状态栏提示选取需要牵引的实体面如图 4-93 所示，单击"Enter"键。

弹出如图 4-94 所示"实体牵引面的参数"对话框，选择"牵引到实体面"复选框，在"牵引角度"输入栏设置角度为 10°。单击 ✓ 确定按钮。

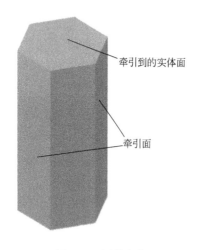

图 4-93　原始实体

图 4-94　"实体牵引面的参数"对话框

再根据状态栏提示拾取牵引到的实体面，单击"Enter"键。

弹出"拔模方向"对话框，如图 4-95 所示，此时绘图区预览箭头方向即为牵引方向，单击 ✓ 确定按钮，牵引实体如图 4-96 所示。

如果需要改变拔模方向，可以单击对话框中的 R换向(R) 按钮来换向。

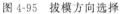

图 4-95　拔模方向选择

图 4-96　牵引实体

【**例 4-2**】　通过实例练习实体编辑功能的综合运用。实体模型如图 4-97 所示。

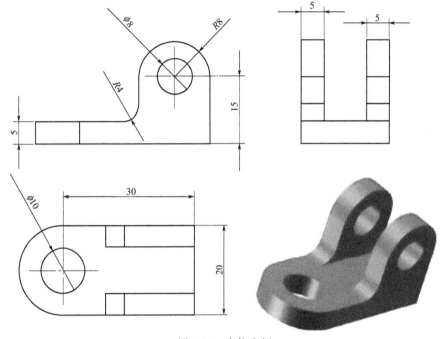

图 4-97　实体实例

（1）底板创建

选择俯视图为构图面，Z 设定为 0，绘制底面线框，如图 4-98 所示。

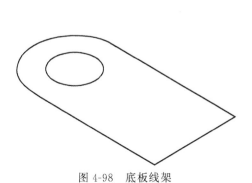

图 4-98　底板线架　　　　　　　　　　图 4-99　底板实体

选择挤出实体的方式，在弹出的对话框中选择"串连"选项卡，选择外面的带圆弧的矩形，选择单体模式选择内部的圆，注意拉升方向要一致，设置挤出方式为创建主体，高度为5，结果如图 4-99 所示。

（2）侧板创建

选择前视图为构图面，Z 设定为 0，绘制侧面的带圆弧矩形，结果如图 4-100 所示。

选择挤出实体增加凸缘的方式生成实体预览，如图 4-101 所示。

生成实体如图 4-102 所示。同样的方式生成另一侧板如图 4-103 所示。

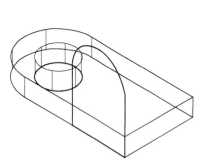

图 4-100　侧板线架

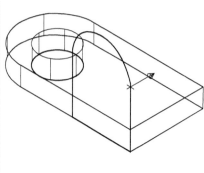

图 4-101　侧板预览

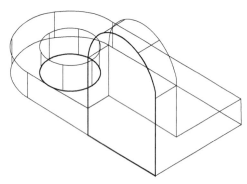

图 4-102　侧板实体

图 4-103　另一侧板实体

选择前视图为构图面，Z 设定为 0，在图示位置绘制直径为 8 的圆，结果如图 4-104 所示。

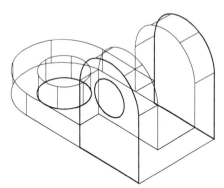

图 4-104　小圆线架

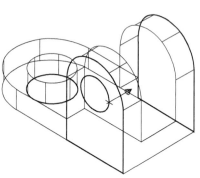

图 4-105　切割实体预览

选择挤出实体的切割功能，用小圆切割主体，选择全部贯穿，打出通孔。预览效果如图 4-105 所示。实际实体如图 4-106 所示。旋转视图到合适位置，选择倒圆角命令倒出 $R4$ 的圆角。结果如图 4-107 所示。全图创建完毕。

图 4-106　切割实体后的主体　　　　　　　图 4-107　倒圆角的完整实体

4.4　布尔运算

布尔运算就是通过实体之间的求和、求差、求交运算将两个或两个以上的实体组合成新的实体。单击"实体"菜单，可以看到布尔运算。

首先明确两概念：目标实体、工具实体。

① 目标实体——被加、被减、被并的实体。

② 工具实体——对目标实体进行操作的实体。

4.4.1　结合运算

该功能将目标实体与工具实体相加，结果是两者的公共部分和各自不同部分的总和。

绘制原始图形如图 4-108 所示。

单击菜单"实体"→ A 布尔运算-结合(A)。

根据状态栏提示拾取图 4-108 中 2 个实体作为目标实体。单击"Enter"键。

2 个实体组合成一个新的实体，如图 4-109 所示。

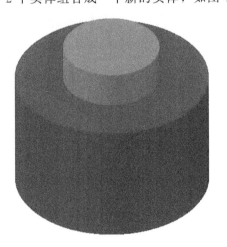 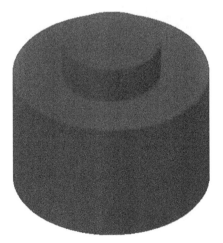

图 4-108　独立的两个实体　　　　　　　图 4-109　布尔运算求和后的实体

4.4.2　切割运算

该功能将目标实体与工具实体相减，结果是两者的公共部分从目标实体减去后的部分。

绘制原始图形如图 4-109 所示。

单击菜单"实体"→ V 布尔运算-切割(V) 。

根据状态栏提示拾取图 4-110 中圆柱实体作为目标实体，然后拾取图 4-110 中长方体作为工具实体，单击"Enter"键。生成一个新的实体，如图 4-111 所示。

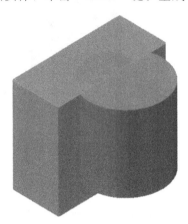

图 4-110　独立的两个实体

图 4-111　布尔运算求和后的实体

4.4.3　交集运算

该功能将目标实体与工具实体的公共部分，结果是两者的公共部分。

绘制原始图形如图 4-112 所示，单击菜单"实体"→ C 布尔运算-交集(C) 。

根据状态栏提示拾取图 4-112 中圆柱实体作为目标实体，然后拾取图 4-112 中长方体作为工具实体，单击"Enter"键。生成一个新的实体，如图 4-113 所示。

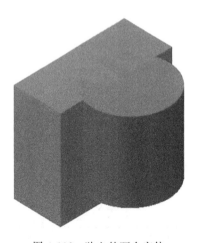

图 4-112　独立的两个实体

图 4-113　布尔运算求交后的实体

4.5　实体管理器

Mastercam X6 的实体管理器子菜单位于用户窗口的左侧，利用它用户可以很方便地对文件中的实体操作进行编辑。

选择任何实体操作并单击鼠标右键，系统弹出快捷菜单如图 4-114 所示。介绍如下。

· 删除——用于删除实体或操作。

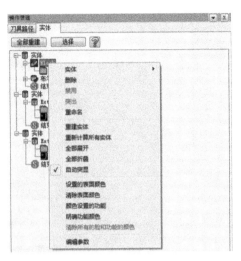

图 4-114　实体操作管理菜单

• 重命名——用户可以自行为操作命名。

• 重建实体——当实体操作有误时，可以利用该命令来产生正确的实体。可以对实体的参数与图形进行修改。

• 重新计算——根据用户对实体操作的修改及时更新。

• 设置的表面颜色——用于更换已构建实体的颜色。

绘制原始图形如图 4-115 所示。

现需要对实体的线架做更改，将六边形改为圆。

绘图区左侧实体操作管理区如图 4-116 所示。

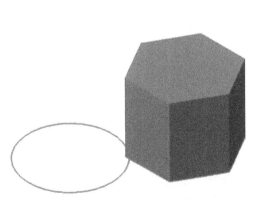

图 4-115　原始图形

图 4-116　实体操作管理

鼠标单击挤出实体展开菜单的 图形图标，弹出如图 4-117 所示"实体串连管理器"对话框。

单击 基本串连图标，单击鼠标右键弹出串连子菜单，如图 4-118 所示。

选择"重新串连"。

弹出"串连选项"对话框，选择单体方式，拾取圆形。单击 确定按钮。

返回"实体串连管理器"对话框。单击 确定按钮。

此时，操作管理器中改变后的图标上都有红色的 ✕，如图 4-119 所示。

单击 [全部重建] 按钮，红色的 ✖ 消失，实体更新后如图 4-120 所示。

图 4-117　实体串连管理器

图 4-118　串连子菜单

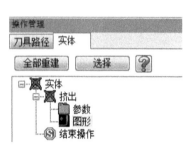

图 4-119　操作管理器

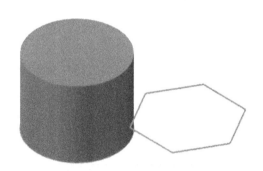

图 4-120　修改后的实体

　　若需要对实体的参数做更改，鼠标单击挤出实体展开菜单的 📁参数 图标，弹出如图 4-121所示"实体挤出的设置"对话框。

　　重新设置参数，挤出距离为50，朝外拔模角度10，选择两边同时延伸，单击 ✔ 确定按钮。单击 [全部重建] 按钮，红色的 ✖ 消失，实体更新后如图 4-122 所示。

图 4-121　"实体挤出的设置"对话框

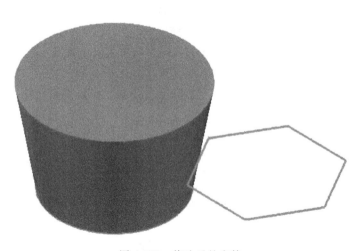

图 4-122　修改后的实体

　　【例 4-3】　前面学习了实体的构建和编辑方法，下面通过零件的构建，巩固学习内容，熟练作图方法。实体模型如图 4-123 所示。

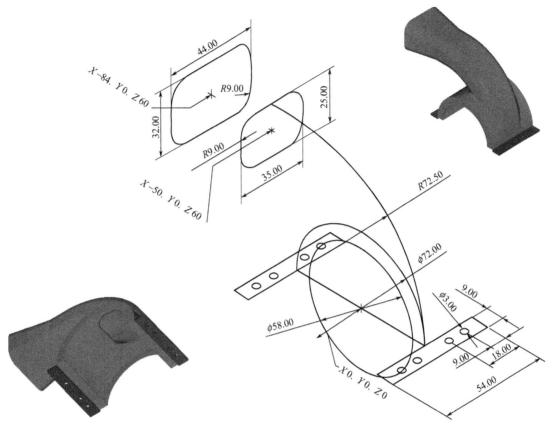

图 4-123   综合实例

（1）构建三维线架

设置视角为等角视图，构图面为前视图，构图深度 Z 为 0。

调用 C 圆心+点(C)... 命令，设置操作栏如图 4-124 所示，原点作为圆心，输入直径值 58，单击 确定按钮。

图 4-124   圆工作条

调用 P 极坐标圆弧(P)... 命令，设置圆心为原点，直径为 72，起始角度 0，终止角度为 360。操作栏如图 4-125 所示，单击 确定按钮。

图 4-125   极坐标圆弧工作条

调用 E 绘制任意线(E)... 命令，连接直径 72 圆弧两端点。线架如图 4-126 所示。

调用 O 极坐标画弧(O)... 命令，单击如图 4-128 所示操作栏 起始点按钮，拾取直径 72 圆弧右端点，设置半径为 72.5，单击 确定按钮。线架如图 4-127 所示。

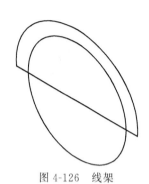

图 4-126　线架

图 4-127　极坐标画弧

图 4-128　极坐标画弧工作条

　　设置视角为等角视图，构图面为右视图，构图深度为－50。

　　调用 R 距形(R)... 命令，单击 按钮，设置基准点为中心点，输入长度为 35，高度为 25，输入基准点坐标为（0，60），单击 确定按钮。完成矩形绘制。

　　调用 C 串连倒圆角(C)... 命令，弹出"串连选项"对话框，选择 串连方式，拾取矩形，单击 确定按钮。输入倒圆角半径值 9，选择"所有转角"，修剪模式，单击 确定按钮，生成线架如图 4-129 所示。

　　设置视角为等角视图，构图面为右视图，构图深度为－84。

　　调用 R 距形(R)... 命令，单击 按钮，设置基准点为中心点，输入长度为 44，高度为 32，输入基准点坐标为（0，60），单击 确定按钮。完成矩形绘制。

　　调用 C 串连倒圆角(C)... 命令，弹出"串连选项"对话框，选择 串连方式，拾取矩形，单击 确定按钮。输入倒圆角半径值 9，选择"所有转角"，修剪模式，单击 确定按钮，生成线架如图 4-130 所示。

图 4-129　倒角矩形

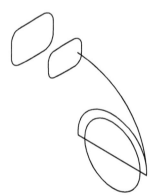

图 4-130　倒角的另一矩形

　　设置视角为等角视图，构图面为前视图，构图深度为 0。

　　调用 E 绘制任意线(E)... 命令，连接 35×25 矩形上边线中点和 90°圆弧左端点。单击"Esc"退出。线架如图 4-131 所示。

　　设置视角为等角视图，构图面为俯视图，构图深度为 0。

　　完成下方的矩形以及内部直径为 3 的孔的绘制，结果如图 4-132 所示。

图 4-131 直线连接

图 4-132 地板绘制

（2）实体造型

调用 X 挤出实体(X)...命令，弹出"串连选项"对话框，选择串连方式，拾取图形直径为 72 的封闭半圆，单击 确定按钮。

弹出"实体挤出的设置"对话框，设置如图 4-133 所示，选择"创建主体"，无拔模，指定延伸距离设为 27，双向挤出。生成实体如图 4-134 所示。

图 4-133 "实体挤出的设置"对话框

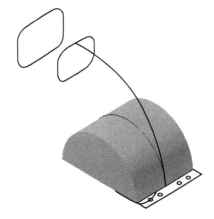

图 4-134 挤出实体

调用 S 扫描实体(S)...命令，弹出"串连选项"对话框，选择 串连方式，根据状态栏提示拾取扫描的截面图形 35×25 的矩形，单击 确定按钮，选择 部分串连方式，拾取扫描路径线架的起始图素和终止图素，注意箭头方向和路径方向同向。单击 确定按钮。

弹出"扫描实体"对话框，设置如图 4-135 所示，选择"增加凸缘"模式，单击 确定按钮。实体如图 4-136 所示。

调用 L 举升实体(L)...命令，弹出"串连选项"对话框，选择串连方式，拾取图形中对应的两个矩形，单击 确定按钮。

弹出"举升实体的设置"对话框，设置如图 4-137 所示，选择"增加凸缘"，选择"以直纹方式产生实体"复选框，单击 确定按钮。生成实体如图 4-138 所示。

调用 X 挤出实体(X)...命令，弹出"串连选项"对话框，选择单体方式，拾取图形直径为 58 的整圆，单击 确定按钮。

图 4-135 "扫描实体的设置"对话框

图 4-136 扫描实体生成

图 4-137 "举升实体的设置"对话框

图 4-138 举升实体生成

弹出"实体挤出的设置"对话框，设置如图 4-139 所示，选择"切割实体"，无拔模，全部贯穿，双向挤出。生成实体如图 4-140 所示。

图 4-139 "实体挤出的设置"对话框

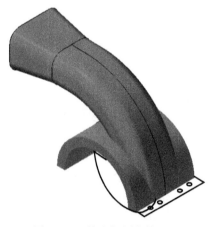

图 4-140 挤出切割实体生成

调用 F实体倒圆角(F)... 命令，根据状态栏提示拾取图 4-140 所示挤出实体和扫掠实体的交线中的任一段，单击"Enter"键。

弹出如图 4-141 所示"实体倒圆角参数"对话框，选择"固定半径"方式，"半径"输入栏设置为 5，选中"沿切线边界延伸"复选框。单击 确定按钮。结果如图 4-142 所示。

调用 H 实体抽壳(H)… 命令，选取图 4-142 中的下圆柱面。单击 "Enter" 键。

弹出 "实体薄壳" 对话框，设置如图 4-143 所示。单击 ✓ 确定按钮，实体如图 4-144 所示。

图 4-141　倒圆角设置

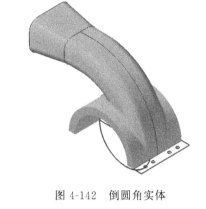

图 4-142　倒圆角实体

图 4-143　抽壳设置

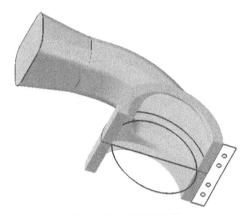

图 4-144　抽壳后实体

调用 X 挤出实体(X)… 命令，弹出 "串连选项" 对话框，选择 窗口方式，窗选 $9 \times$ 54 的矩形和 4 个直径为 3 的圆，点取搜索点，单击 ✓ 确定按钮。

弹出 "挤出实体选项" 对话框，选择 "创建主体"，无拔模，延伸距离为 3，挤出方向向下。生成实体如图 4-145 所示。

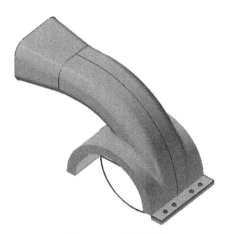

图 4-145　底板挤出

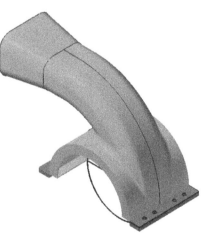

图 4-146　完成全图

设置视角为等角视图，构图面为俯视图。

调用 镜像(M)… 命令，拾取带有 4 个通孔的实体，单击"Enter"键。

弹出"镜像"对话框，选择"复制"模式，设置 作为镜像轴，单击对话框中的 确定按钮，实体如图 4-146 所示。

习　题

1. 根据图形尺寸完成零件的实体建模如图 4-147、图 4-148 所示。

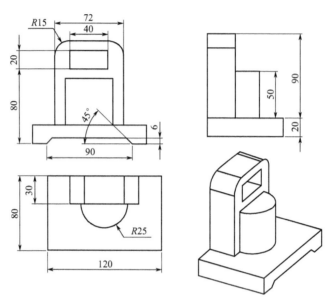

图 4-147　习题 1 图（一）

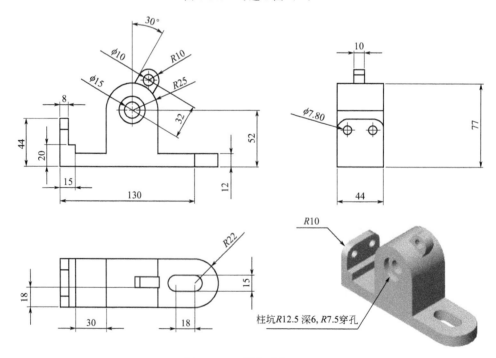

图 4-148　习题 1 图（二）

2. 根据图 4-149 完成实体造型。样条线 1 是长轴为 5，短轴为 3 的椭圆；样条线 2 是坐标为（25.318，141.909）（36.5，139.182）（36.046，130.444）（41.682，123.636）（37.843，115.292）的曲线；样条线 3 是坐标为（32，160）（25，130）（35，118）（55，90）（32，30）（45，0）的曲线；A、B、C、D 处需倒圆角，半径为 2。壁厚为 5。

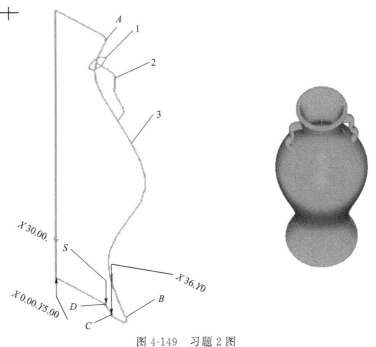

图 4-149　习题 2 图

3. 根据图 4-150 中的尺寸，完成可乐瓶底的实体建模。

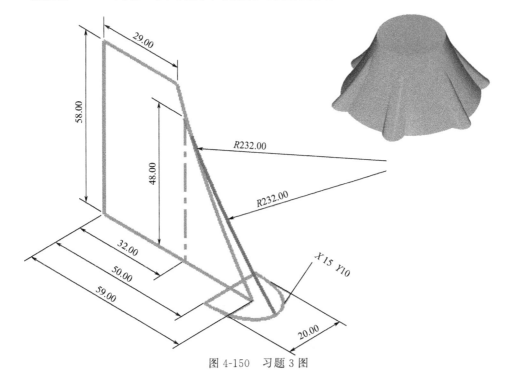

图 4-150　习题 3 图

第 **5** 章

二 维 加 工

5.1 外形铣削

5.1.1 加工设备的选取

Mastercam X6 软件中提供了铣削系统、车削系统、线切割系统、雕刻系统、设计模块等五大模块，其中铣削模块可以用来生成铣削加工刀具路径，以及进行外形铣削、型腔加工、钻孔加工、平面加工、曲面加工、多轴加工等的模拟；车削模块可以用来生成车削加工刀具路径、进行粗/精车、切槽和车螺纹的加工模拟。用户可以根据零件加工的要求，选择合适的模块。

① 选取 M机床类型 ，将会出现以下界面，见图 5-1。

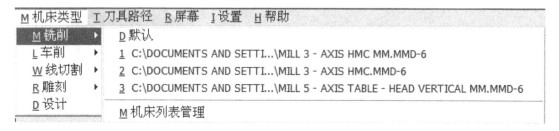

图 5-1 机床类型

② 单击 M机床列表管理 ，将会出现以下界面，见图 5-2。

5.1.2 刀具的设置

刀具的作用是在加工过程中切削工件，根据不同的工件形状需采用不同的刀具进行加工，刀具的材料也因工件材料的不同而发生变化。刀具设置步骤如下：

① 单击 T刀具路径 → 刀具管理 命令，将会出现以下界面，见图 5-3。

② 编辑刀具。

a. 当刀具库中所选择的刀具不符合用户要求时，需要对所选择的刀具进行编辑。在"刀具管理"对话框中，选取需要编辑的刀具，见图 5-4。

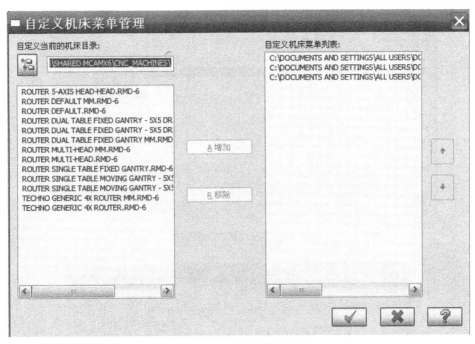

图 5-2 机床菜单管理

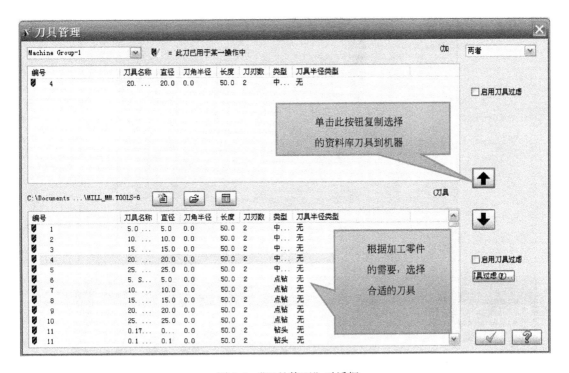

图 5-3 "刀具管理"对话框

b. 单击"编辑刀具"将会出现以下界面,见图 5-5。

③ 创建刀具。

a. 当刀具库中没有用户所需刀具时,也可直接创建刀具。在"刀具管理"菜单栏单击右键,将会出现以下界面,见图 5-6。

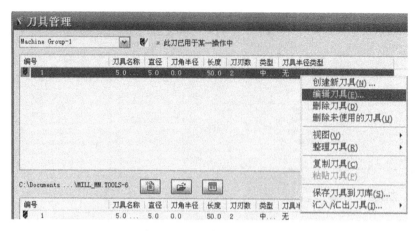

图 5-4 "刀具管理"对话框

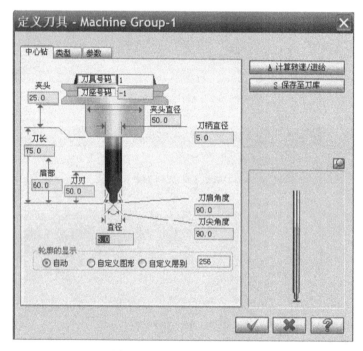

图 5-5 "编辑刀具"对话框

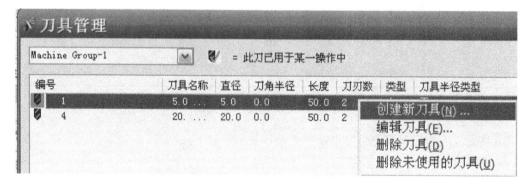

图 5-6 "刀具管理"对话框

b. 单击"创建新刀具"→"类型"将会出现以下界面，见图 5-7。

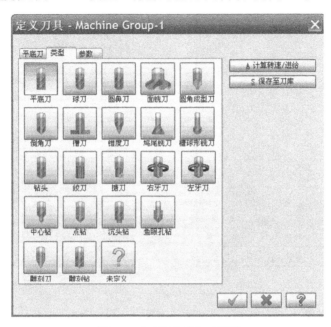

图 5-7 "刀具类型"对话框

c. 在"定义刀具-Machine Group-1"对话框中选择"圆鼻刀"选项，见图 5-8。

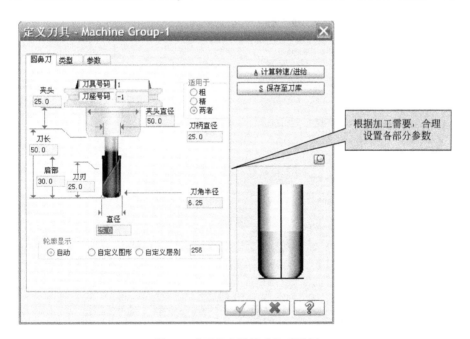

图 5-8 "刀具参数修改"对话框

5.1.3 工件的设置

（1）材料设置

① 单击"刀具路径"→材料管理、命令，将会出现以下界面，见图 5-9。

② 在"来源"选项区，选择"铣床-数据库"选项，将会出现以下界面，见图 5-10。

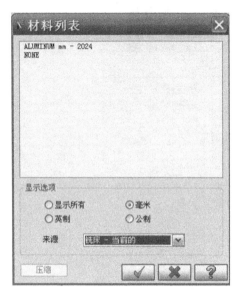

图 5-9 "材料列表"对话框

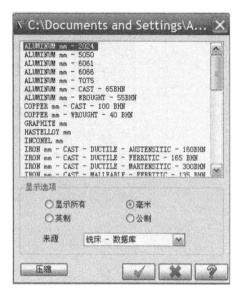

图 5-10 "材料选择"对话框

（2）工件毛坯设置

工件即为加工毛坯，工件按类型可以分为立方体、圆柱体、文件和实体 4 类。

① 立方体工件的设置，单击"刀具路径"→"材料设置"将会出现以下界面，见图 5-11。

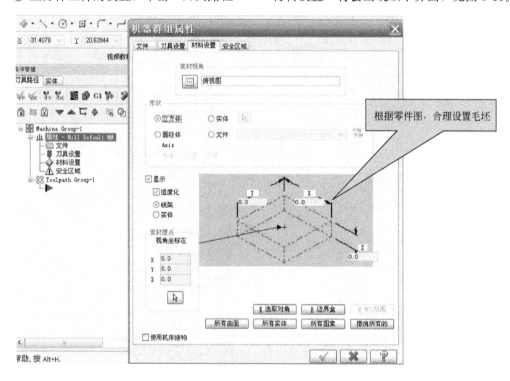

图 5-11 "立方体工件毛坯"设置对话框

a. 选择对角按钮：选择平面上矩形的对角点来定义立方体区域，再给定 Z 值即可设置立方体工件。

b. 边界盒按钮：采用边界盒将图素的最大边界包络起来形成立方体工件。

c. 所有曲面按钮：自动选择所有曲面，并以所有曲面的最大外边界形成立方体工件。

d. 所有实体按钮：选择所有实体，并以所有实体的最大外边界形成立方体工件。

e. 所有图素按钮：选择所有图素，并以所有图素的最大外边界形成立方体工件。

f. 撤销所有的按钮：将前面所有选取的工件全部取消。

② 圆柱体工件的设置，单击"材料设置"选项卡的"形状"选项组中点选"圆柱体"单选按钮，将会出现以下界面，见图 5-12。

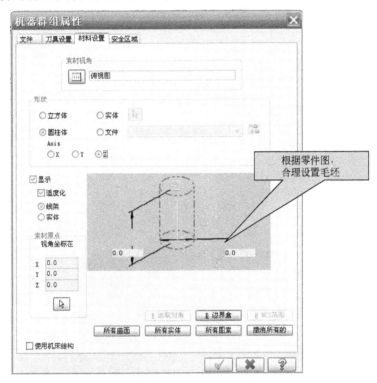

图 5-12　"圆柱体工件毛坯"设置对话框

5.1.4　加工案例

（1）创建文件

如图 5-13 所示为外形加工实例，打开 Mastercam X6 软件，单击文件，另存文件，创建"外形铣削"文件，见图 5-14。

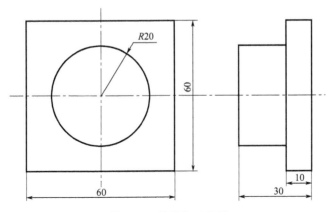

图 5-13　外形加工实例

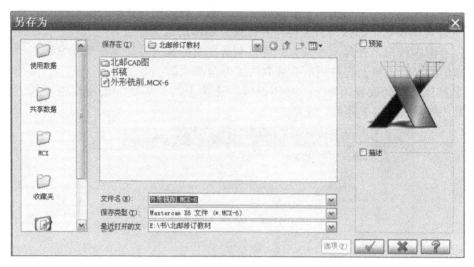

图 5-14 "外形铣削"文件创建对话框

（2）创建零件模型

完成后见图 5-15。

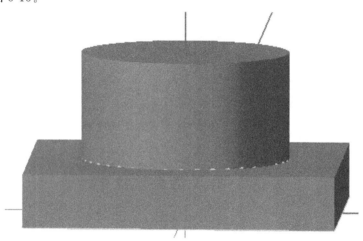

图 5-15 加工零件模型

（3）外形铣削指令完成凸台加工

① 选取加工机床类型，见图 5-16。

图 5-16 机床类型

② 设置工件。

a. 在"操作管理"中单击 田…山 属性 - 3 - AXIS HMC 节点前的"＋"号，将该节点展开，然后单击◆材料设置节点，系统弹出"机器群组属性"对话框，设置相关参数，完成后见图5-17。

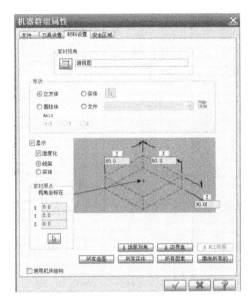

图 5-17　工件设置

b. 在素材原点进行设置，设置完成后见图5-18。

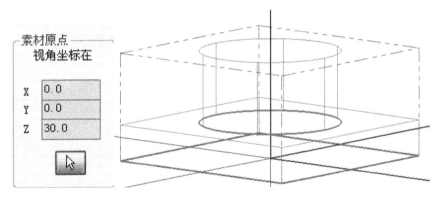

图 5-18　毛坯原点设置

c. 单击 ✓ 即表示毛坯已设置完成。

③ 定义加工轮廓。

a. 单击 刀具路径→c外形铣削，将会出现以下画面，见图5-19。

图 5-19　创建外形铣削程序

b. 单击 ☑️，选取加工轮廓见图 5-20。

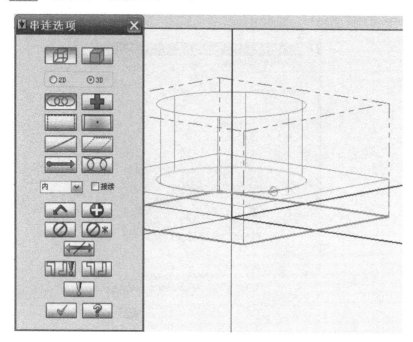

图 5-20　选取加工路径

④ 设定加工参数。

a. 单击 ☑️，选择合适刀具，见图 5-21。

根据零件图及毛坯设置，发现在斜边方向单边所留最大余量为23mm，选择φ16mm平底刀

设置合适的加工参数

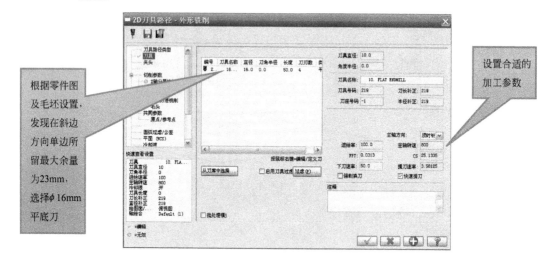

图 5-21　创建加工刀具

b. 单击 切削参数，选择合适选项，完成后见图 5-22。

补正方式下拉列表中提供了 5 种补正方式。

• "电脑"选项：该选项表示系统将自动进行刀具补偿，但不进行输出控制的代码补偿。

• "控制器"选项：该选项表示系统将自动进行输出控制的代码补偿，但不进行刀具补偿。

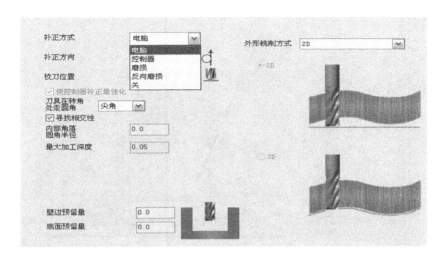

图 5-22　切削参数设置

- "磨损"选项：该选项表示系统将自动进行输出控制代码进行相同的补偿。
- "反向磨损"选项：该选项表示系统将自动进行输出控制代码进行相对立的补偿。
- "关"选项：该选项表示系统将不对刀具和输出控制代码进行补偿。
c. 单击 XY轴分层铣削，根据实际要求设置相关参数，完成后见图 5-23、图 5-24。

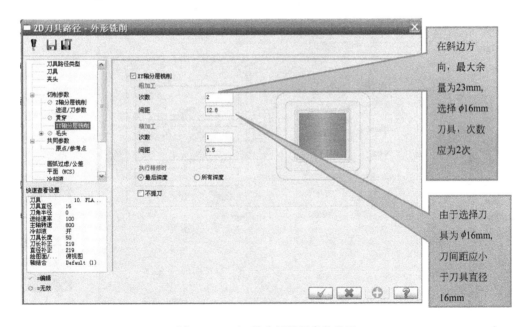

图 5-23　X/Y 轴分层铣削参数设置

d. 单击 Z轴分层铣削，根据实际要求设置相关参数，完成后见图 5-25。

e. 单击 进退/刀参数，根据实际要求设置相关参数，完成后见图 5-26。

- "在封闭轮廓的中点位置执行进/退刀"选项：设置在几何图形的中点处产生导入/导出刀具路径，否则选择在几何图形的端点处产生导入/导出刀具路径。
- "过切检查"选项：确保导入/导出刀具路径不铣削外形轮廓的内部材料。
- "重叠量"选项：设置导出刀具路径超出外形轮廓端点的距离。

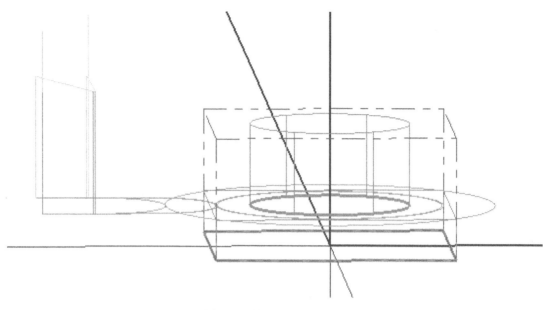

图 5-24　外形铣削刀具路径

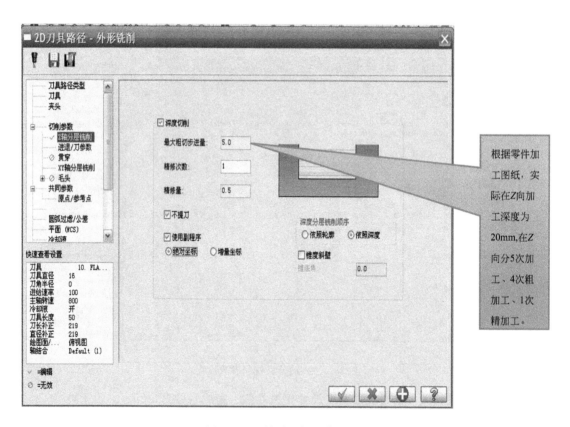

图 5-25　Z 轴分层铣削参数设置

- "进刀"和"退刀"选项：系统提供了垂直、相切两种线性进刀/退刀方式。
- "长度"选项：设置线性导入/导出的长度，可以输入占刀具直径的百分比，或直接输入长度值。

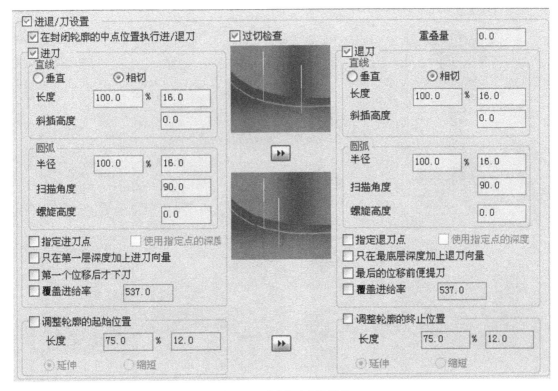

图 5-26　进/退刀参数设置

- "圆弧"选项：设置加入圆弧导入/导出刀具路径。
- "半径"选项：设置圆弧导入/导出的圆弧半径，可以输入占刀具的百分比或直接输入半径值。
- "扫描角度"选项：设置圆弧导入/导出的圆弧角度。
- "指定进刀点"选项：指定点作为导入点。
- "使用指定点的深度"选项：导入点使用所选点的深度。
- "第一个位移后才下刀"选项：当采用深度分层切削时，在第一个刀具路径返回安全高度位置后才下刀。
- "覆盖进给率"选项：设置导入的切削速率，否则系统按平面进给率设置的速率导入。
- "调整轮廓的起始位置"选项：设置导入/导出刀具路径在外形起点或终点的延伸或缩短量。

f. 单击 共同参数 ，根据实际要求设置相关参数，完成后见图 5-27。

- "安全高度"选项：用于设置刀具在没有切削工件时与工件之间的距离。系统中提供了两种设置方法，即绝对坐标和增量坐标（相对坐标）设置。绝对坐标相对于系统原点设置，而相对坐标相对于工件表面设置。
- "参考高度"选项：用于设置刀具在下一个刀具路径前刀具回缩的位置。此参数设置必须高于下刀位置。
- "进给下刀位置"选项：用于设置切削时刀具移动的平面，该平面是刀具的进刀路径所在的平面。
- "工件表面"选项：用于设置工件表面的高度位置。

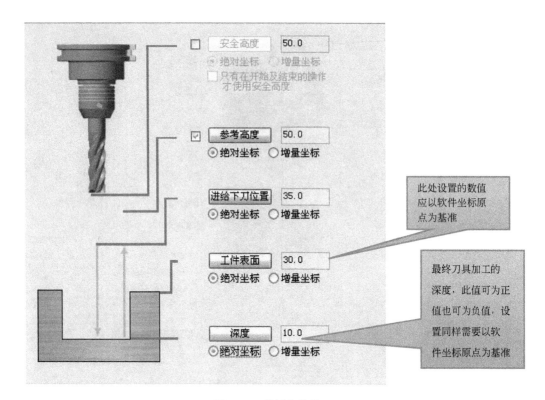

图 5-27　共同参数设置

- "深度"选项：设置刀具的切削深度，深度中的数值正负值均有可能。

g. 设置完成后，加工路径见图 5-28。

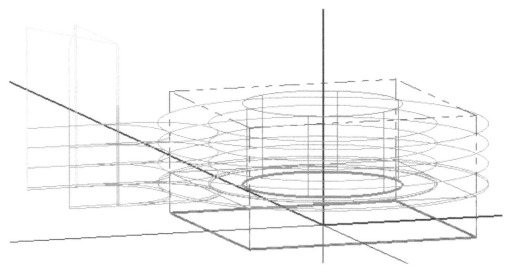

图 5-28　外形铣削分层刀具路径

⑤ 操作管理。

a. 单击 刀具路径 ，显示刀具路径操作管理的选项，见图 5-29。

选项：选取所有加工操作。

选项：取消已选取的操作。

图 5-29　刀具路径操作管理选项卡

选项：重新生成所有刀具路径。

选项：重新生成修改后失效的刀具路径。

选项：选取刀具路径的模拟方式。

选项：选取实体验证方式。

G1选项：后处理产生 NC 程序。

选项：高速处理。

选项：删除所有的群组、刀具及操作。

选项：锁定所选操作，不允许对锁定操作进行编辑。

选项：切换刀具路径的显示开关。

选项：在后处理时不生成 NC 代码。

选项：移动插入箭头到下一项。

选项：移动插入箭头到上一项。

选项：插入箭头位于指定的操作或群组之后。

选项：显示滚动操作的插入箭头。

选项：单一显示已选择的刀具路径。

选项：单一显示关联图形。

b. 单击 ，显示刀具路径模拟设置选项，见图 5-30。

图 5-30　刀具"路径模拟"选项卡

选项：用于设置彩色显示刀具路径。

选项：显示刀具。

选项：显示夹头。

选项：显示退刀路径。

选项：显示刀具端点运动轨迹。

选项：着色显示刀具路径。

选项：配置刀具路径模拟参数。

选项：打开受限制的图形。

选项：关闭受限制的图形。

选项：将刀具保存为图形。

选项：保存刀具及夹头在某处的显示状态。

c. 单击 操作管理 → 按钮，进行仿真，完成后见图 5-31。

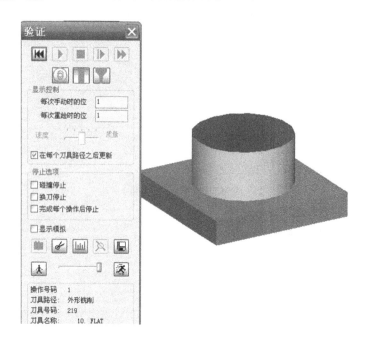

图 5-31 实体模拟

按钮：用于将实体切削验证返回起始点。

按钮：用于播放实体切削验证。

按钮：用于暂停播放实体切削验证。

按钮：用于手动播放实体切削验证。

按钮：用于将实体切削验证前进一段。

按钮：用于设置不显示刀具。

按钮：用于设置显示实体刀具。

按钮：用于设置显示实体刀具和刀具卡头。

按钮：用于设置验证选项的参数。

按钮：用于显示截面部分。

按钮：用于测量验证过程中定义点间的距离。

按钮：用于使模型表面光滑。

按钮：用于以 STL 类型保存文件。

按钮：用于设置降低实体切削验证速度。

按钮：用于设置提高实体切削验证速度。

⑥ 利用后处理生成 NC 程序。

单击 操作管理 → G1 按钮，生成加工程序见图 5-32。

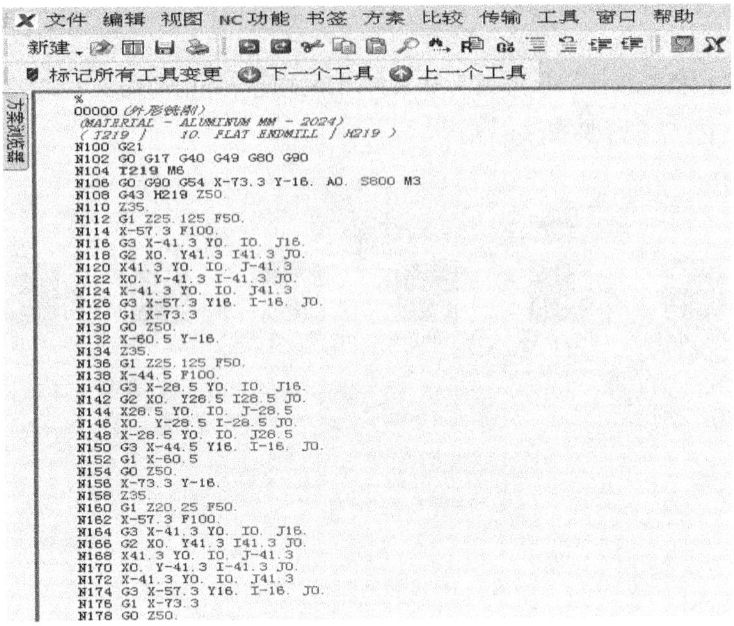

文件 编辑 视图 NC功能 书签 方案 比较 传输 工具 窗口 帮助
新建
标记所有工具变更 下一个工具 上一个工具
方案浏览器
%
O0000 (外形铣削)
(MATERIAL - ALUMINUM MM - 2024)
(T219 | 10. FLAT ENDMILL | H219)
N100 G21
N102 G0 G17 G40 G49 G80 G90
N104 T219 M6
N106 G0 G90 G54 X-73.3 Y-16. A0. S800 M3
N108 G43 H219 Z50.
N110 Z35.
N112 G1 Z25.125 F50.
N114 X-57.3 F100.
N116 G3 X-41.3 Y0. I0. J16.
N118 G2 X0. Y41.3 I41.3 J0.
N120 X41.3 Y0. I0. J-41.3
N122 X0. Y-41.3 I-41.3 J0.
N124 X-41.3 Y0. I0. J41.3
N126 G3 X-57.3 Y16. I-16. J0.
N128 G1 X-73.3
N130 G0 Z50.
N132 X-60.5 Y-16.
N134 Z35.
N136 G1 Z25.125 F50.
N138 X-44.5 F100.
N140 G3 X-28.5 Y0. I0. J16.
N142 G2 X0. Y28.5 I28.5 J0.
N144 X28.5 Y0. I0. J-28.5
N146 X0. Y-28.5 I-28.5 J0.
N148 X-28.5 Y0. I0. J28.5
N150 G3 X-44.5 Y16. I-16. J0.
N152 G1 X-60.5
N154 G0 Z50.
N156 X-73.3 Y-16.
N158 Z35.
N160 G1 Z20.25 F50.
N162 X-57.3 F100.
N164 G3 X-41.3 Y0. I0. J16.
N166 G2 X0. Y41.3 I41.3 J0.
N168 X41.3 Y0. I0. J-41.3
N170 X0. Y-41.3 I-41.3 J0.
N172 X-41.3 Y0. I0. J41.3
N174 G3 X-57.3 Y16. I-16. J0.
N176 G1 X-73.3
N178 G0 Z50.

图 5-32　加工程序

5.2　挖槽加工

5.2.1　挖槽铣削方法

① 挖槽加工方式的选择，见图 5-33。

挖槽加工方式
使用岛屿深度
标准
平面铣
使用岛屿深度
残料加工
开放式挖槽
重叠量:
50.0
%
5.0
进刀引线长度
10.0
退刀引线长度
0.0
岛屿上方预留量
0.0

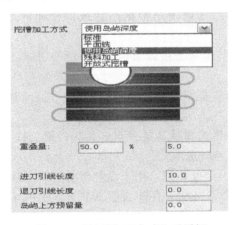

图 5-33　“挖槽加工方式”对话框

挖槽加工方式提供了以下 5 类。

a. “标准”选项：该选项为标准的挖槽方式，此种挖槽方式仅对定义的边界内部的材料进行铣削。

b. “平面铣”选项：该选项为平面挖槽的加工方式，此种挖槽方式是对定义的边界所围成的平面的材料进行铣削。

c. “使用岛屿深度”选项：该选项为对岛屿进行加工的方式，此种加工方式能自动地调整铣削深度。

d. “残料加工”选项：该选项为残料挖槽的加工方式，此种加工方式可以对先前的加工自动进行残料计算并对剩余的材料进行切削。当使用这种加工方式时，会激活相关选项，可以对残料加工的参数进行设置。

　　e. "开放式挖槽"选项：该选项为对未封闭串连进行铣削的加工方式。

　　② 切削方式的选择，见图 5-34。

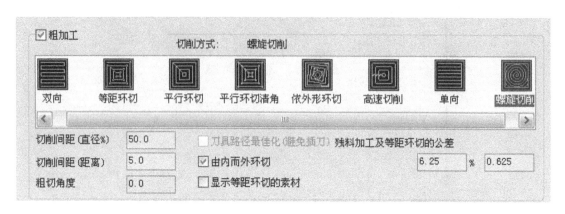

图 5-34 "切削方式"对话框

　　a. "双向"选项：该选项表示根据粗加工的角采用 Z 形走刀。

　　b. "等距环切"选项：该选项表示根据剩余的部分重新计算出新的剩余部分进行加工。

　　c. "平行环切"选项：该选项是根据每次切削边界产生一定偏移量进行加工。

　　d. "平行环切清角"选项：该选项是根据每次切削边界产生一定偏移量进行加工，同时清除角处的残余刀路。

　　e. "依外形环切"选项：该选项是根据凸台或凹槽间的形状，从某一个点递进进行切削。

　　f. "高速切削"选项：该选项是在圆弧处生成平稳的切削，且不易使刀具受损的一种加工方式，但加工时间较长。

　　g. "单向"选项：该选项是始终沿一个方向切削，适合切削深度较大时选用，但加工时间较长。

　　h. "螺旋切削"选项：该选项是从某一点开始，沿螺旋线切削，此种切削方式在切削时比较平稳，适合非规则型腔时选用。

　　i. "切削间距（直径%）"文本框：用于设置切削间距为刀具直径的百分比。

　　j. "切削间距（距离）"文本框：用于设置 XY 方向上的切削间距，XY 方向上的切削间距为距离值。

5.2.2 加工案例

　　（1）创建文件

　　图 5-35 所示为挖槽加工实例，打开 Mastercam X6 软件，单击文件，另存文件，创建"挖槽加工"文件，见图 5-36。

　　（2）创建零件模型

　　完成后见图 5-37。

　　（3）挖槽指令完成零件内腔加工

　　① 选取加工机床类型，见图 5-38。

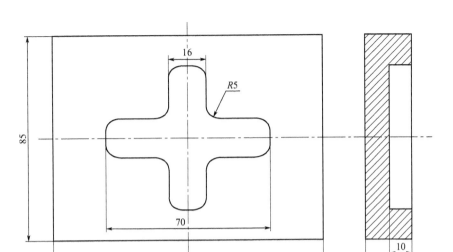

图 5-35　挖槽加工实例

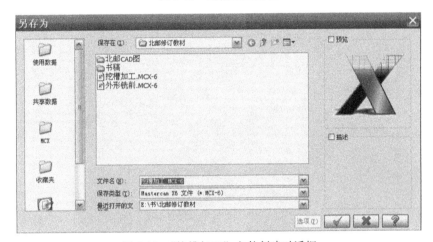

图 5-36　"挖槽加工"文件创建对话框

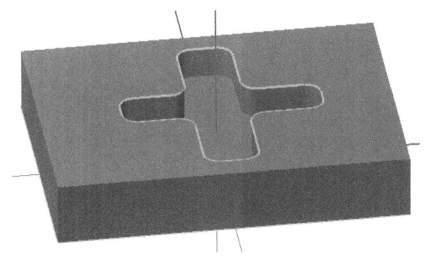

图 5-37　加工零件模型

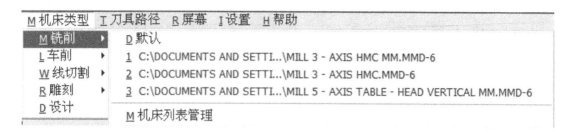

图 5-38　机床类型

② 设置工件。

a. 在"操作管理"中单击⊞⋯**山 属性 - 3 - AXIS HMC** 节点前的"＋"号，将该节点展开，然后单击◆ **材料设置** 节点，系统弹出"机器群组属性"对话框，设置相关参数，完成后见图 5-39。

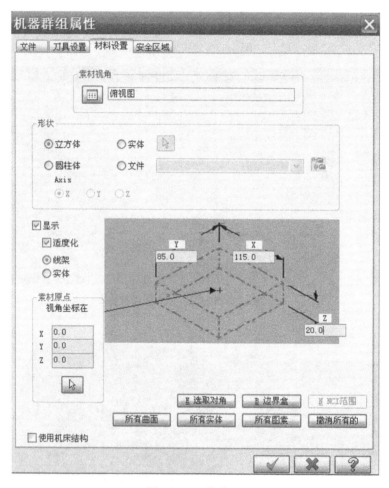

图 5-39　工件设置

b. 在素材原点进行设置，设置完成后见图 5-40。

c. 单击 ✓ 即表示毛坯已设置完成。

③ 定义加工轮廓。

a. 单击 **I 刀具路径** → **P 标准挖槽** 将会出现以下界面，见图 5-41。

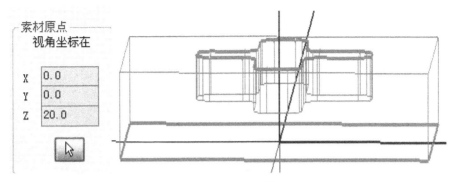

图 5-40 毛坯原点设置

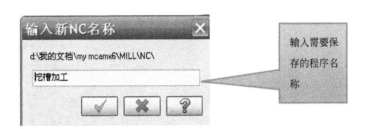

图 5-41 创建挖槽加工程序

b. 单击 ，串连选取所要加工的区域，完成后见图 5-42。

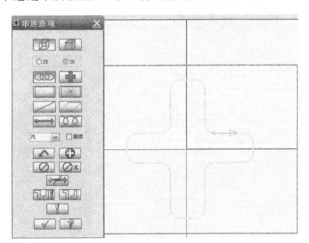

图 5-42 选取加工路径

④ 设定加工参数。

a. 根据零件图纸，选择刀具完成后见图 5-43。

b. 单击 切削参数 ，设置相关参数，将会出现以下画面，见图 5-44。

c. 单击 粗加工，设置相关参数，将会出现以下画面，见图 5-45。

d. 单击 精加工，设置相关参数，将会出现以下画面，见图 5-46。

e. 单击 共同参数 ，根据实际要求设置相关参数，完成后见图 5-47。

f. 设置完成后，加工路径见图 5-48。

⑤ 图形模拟。

单击 操作管理 → 按钮，进行仿真，完成后见图 5-49。

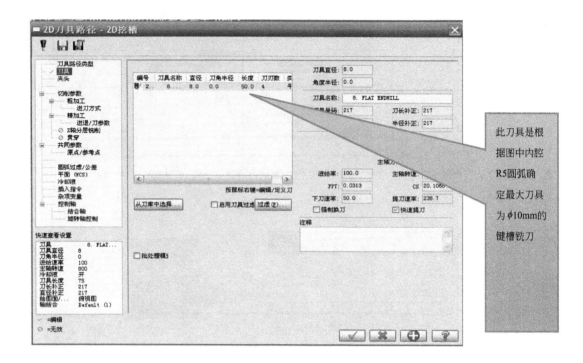

图 5-43　创建加工刀具

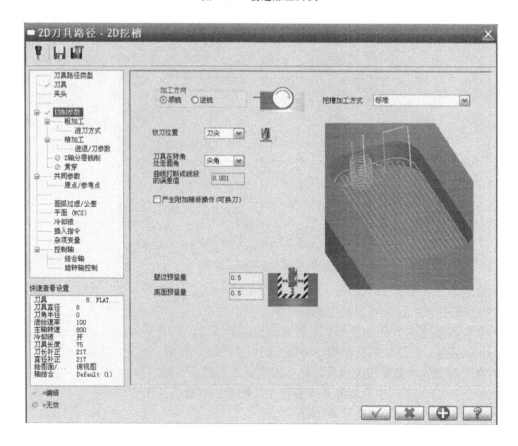

图 5-44　切削参数设置

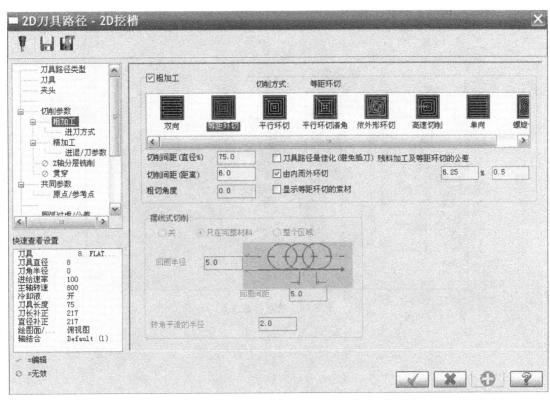

图 5-45 粗加工参数设置

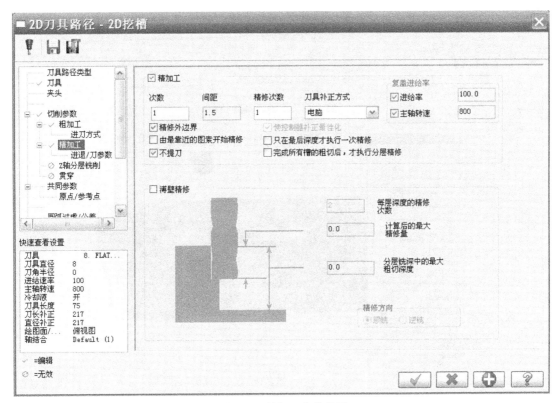

图 5-46 精加工参数设置

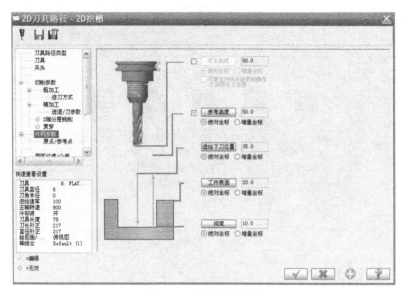

图 5-47　共同参数设置

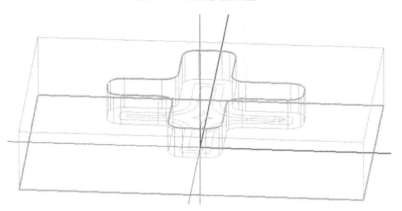

图 5-48　挖槽刀具路径

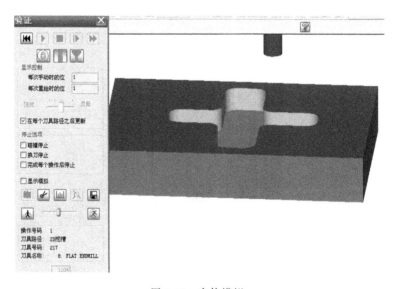

图 5-49　实体模拟

⑥ 利用后处理生成 NC 程序。

单击 按钮，生成加工程序见图 5-50。

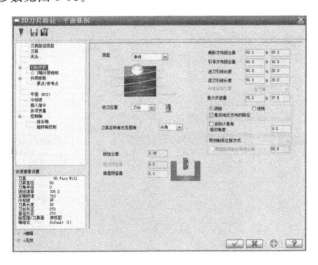

图 5-50 加工程序

5.3 平面铣削与钻孔加工

5.3.1 平面铣削参数设置

平面铣削相关参数见图 5-51。

图 5-51 "平面铣削"对话框

① "类型"下拉列表框，包含四种切削类型。

a. "双向"选项：表示切削方向往复变换的铣削方式。

b. "单向"选项：表示切削方向固定是某个方向的铣削方式。

c. "一刀式"选项：表示在工件中心进行单向一次性的铣削加工。

d. "动态"选项：表示切削方向动态调整的铣削方式。

② "截断方向超出量"文本框：用于设置平面加工时垂直于切削方向的刀具重叠量。第

一个文本框中输入刀具直径的百分比，或在第二个文本框中输入距离值来定义重叠量。

③"引导方向超出量"文本框：用于设置平面加工时平行于切削方向的刀具重叠量。第一个文本框中输入刀具直径的百分比，或在第二个文本框中输入距离值来定义重叠量。

④"进刀引线长度"文本框：用于在第一次切削前添加额外的距离。第一个文本框中输入刀具直径的百分比，或在第二个文本框中输入距离值来定义该长度。

⑤"退刀引线长度"文本框：用于在最后一次切削后添加额外的距离。第一个文本框中输入刀具直径的百分比，或在第二个文本框中输入距离值来定义该长度。

5.3.2 钻孔方法及参数设置

① 定位点方式的选择，见图5-52～图5-55。

• "箭头"按钮：手工方法选取钻孔中心。

• "自动"按钮：用于自动选取定义的第一个点、第二点和第三点之间的点，并自动排序。定义的第一个点为自动选取的起始点，定义的第二点为自动选取的选取方向，而定义的第三点为自动选取的结束点。

图5-52 "定位点方式"对话框

• "选择图素（S）"按钮：用于自动选取图素中的点，如果选取的图素为圆弧，则系统会自动选取它的中心点作为钻孔中心点；如果选取的为其他的图素，则系统会自动选取它的端点作为钻孔中心点；并且点的顺序与图素的建立顺序保持一致。

• "窗选（W）"按钮：用两个对角点形成的矩形框内所包容的点作为钻孔中心点。

• "限定圆弧"按钮：将圆或圆弧的圆心作为钻孔中心点。

• "编辑"按钮：用于编辑定义点的相关参数。

• "排序"按钮：用于设置加工点位的顺序。

图5-53 "2D排序"选项卡

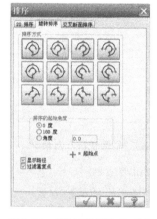

图5-54 "旋转排序"选项卡

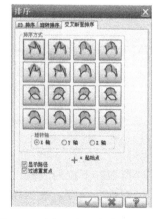

图5-55 "交叉断面排序"选项卡

② 钻孔参数的设定，见图5-56。

a. 钻孔参数对话框。

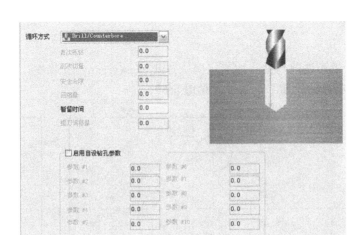

图 5-56 "钻孔参数"对话框

b. 钻孔循环方式，见图 5-57。

钻孔模组共有 20 种钻孔循环形式，包括 7 种标准形式和 13 种自定义形式。

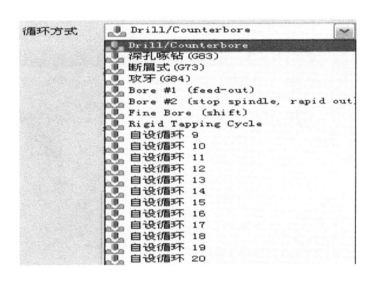

图 5-57 "钻孔循环方式"对话框

• **Drill/Counterbore**（标准钻孔）选项：钻孔或镗盲孔，其孔深一般小于 3 倍的刀具直径。

• 深孔啄钻(G83)选项：钻孔深度大于 3 倍刀具直径的深孔，循环中有快速退刀动作，退刀至参考高度，以便强行排去铁屑和强行冷却。

• 断层式(G73)选项：钻孔深度大于 3 倍刀具直径的深孔，循环中有快速退刀动作，退回一定距离，但并不退至参考高度，以便断屑。

• 攻牙(G84)选项：攻左旋或右旋内螺纹。

• Bore #1（镗孔#1）选项：用正向进刀、反向进刀形式镗孔，该方法常用于镗盲孔。

• Bore #2（镗孔#2）选项：用正向进刀、主轴停止让刀、快速退刀方式镗孔。

• Fine Bore（高级镗孔）选项：用于精镗孔，在孔的底部停转并可以让刀。

5.3.3 加工案例

（1）创建文件

图 5-58 所示为平面铣削与钻孔加工实例，打开 Mastercam X6 软件，单击文件，另存文件，创建"平面铣削与钻孔加工"文件，见图 5-59。

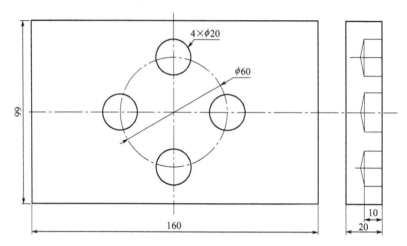

图 5-58 平面铣削与钻孔加工实例

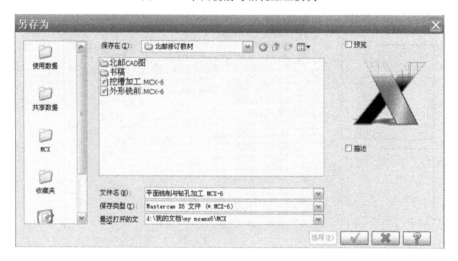

图 5-59 "平面铣削与钻孔加工"文件创建对话框

（2）创建零件模型

完成后见图 5-60。

（3）平面铣削

① 选取加工机床类型，见图 5-61。

② 设置工件。

a. 在"操作管理"中单击 ⊞ 属性 - 3 - AXIS HMC 节点前的"＋"号，将该节点展开，然后单击 ◆ 材料设置 节点，系统弹出"机器群组属性"对话框，设置相关参数，完成后见图 5-62。

b. 在 素材原点 视角坐标在 中输入 Z 0.5 ，单击 B 边界盒 将会出现以下界面，见图 5-63。

c. 单击 ✓ 即表示毛坯已设置完成。

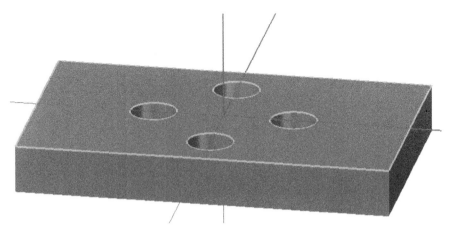

图 5-60　加工零件模型

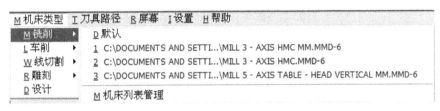

图 5-61　机床类型

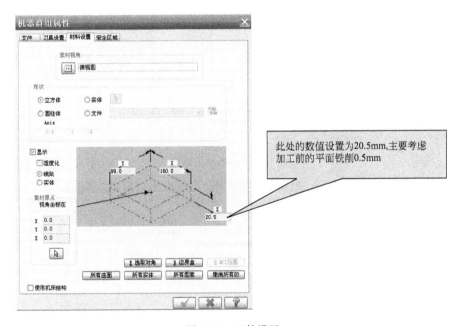

此处的数值设置为20.5mm,主要考虑
加工前的平面铣削0.5mm

图 5-62　工件设置

③ 平面加工。

a. 单击 I 刀具路径 → A 平面铣 将会出现以下界面，见图 5-64。

b. 单击 ，串连选取所要加工的区域，完成后见图 5-65。

注：此处的设定必须重新建立模型，否则会出现刀具路径报警信息。

c. 单击 ，设定相关加工参数，完成后见图 5-66。

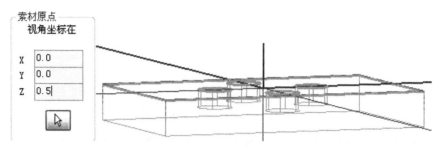

图 5-63　毛坯原点设置

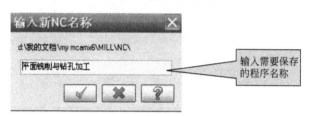

图 5-64　创建平面铣削与钻孔加工程序

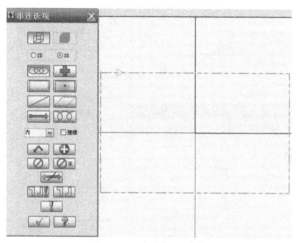

图 5-65　选取加工路径

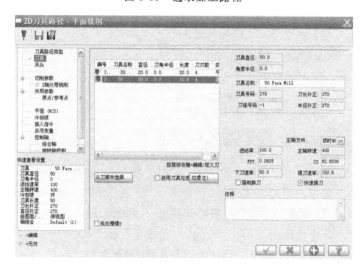

图 5-66　创建加工刀具

d. 单击 切削参数，设置相关参数，将会出现以下画面，见图 5-67。

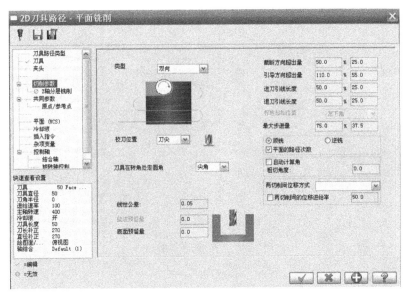

图 5-67 切削参数设置

e. 单击 共同参数，设置相关参数，将会出现以下画面，见图 5-68。

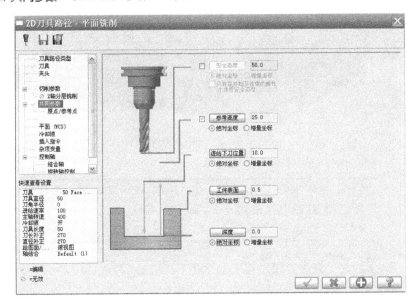

图 5-68 共同参数设置

f. 设置完成后，加工路径见图 5-69。

g. 进行仿真加工，完成后见图 5-70。

h. 利用后处理生成 NC 程序。

单击 操作管理 → G1 按钮，生成加工程序见图 5-71。

（4）孔加工

① 单击 I 刀具路径 → D 钻孔 将会出现以下界面，见图 5-72。

② 单击 ，手动选取所要加工的孔，完成后见图 5-73。

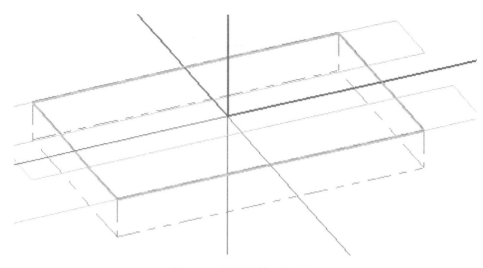

图 5-69　平行铣削刀具路径

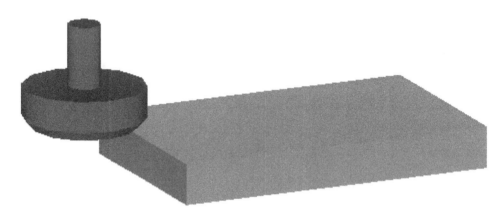

图 5-70　实体模拟

```
X 文件  编辑  视图  NC功能  书签  方案  比较  传输  工具  窗口  帮助

新建 ...

标记所有工具变更  下一个工具  上一个工具

%
00000 (平面铣削与钻孔加工)
(MATERIAL - ALUMINUM MM - 2024)
( T270  )  50 FACE MILL | H270 )
N100 G21
N102 G0 G17 G40 G49 G80 G90
N104 T270 M6
N106 G0 G90 G54 X-135. Y49.498 S400 M3
N108 G43 H270 Z25.
N110 Z10.
N112 G1 Z0. F50.
N114 X110. F100.
N116 Y16.499
N118 X-110.
N120 Y-16.499
N122 X110.
N124 Y-49.498
N126 X-135.
N128 G0 Z25.
N130 M5
N132 G91 G28 Z0.
N134 G28 X0. Y0.
N136 M30
%
```

图 5-71　加工程序

图 5-72　创建钻孔加工程序

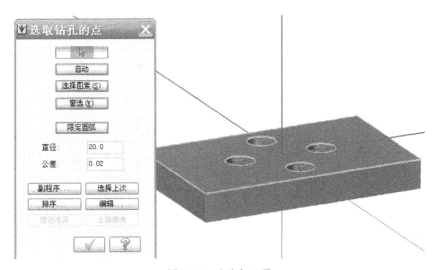

图 5-73　选取加工孔

③ 设定加工参数。

a. 根据零件图纸，选择刀具完成后见图 5-74。

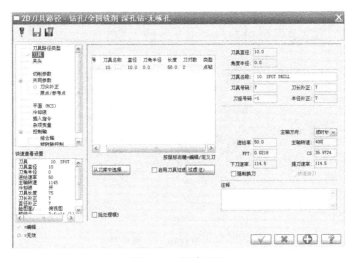

图 5-74　创建刀具

b. 单击 切削参数 ，设置相关参数，将会出现以下画面，见图 5-75。

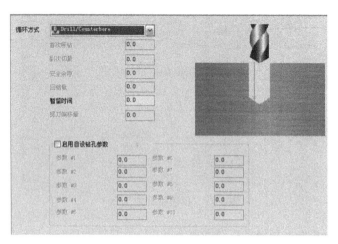

图 5-75　切削参数设置

c. 单击 **共同参数**，根据实际要求设置相关参数，完成后见图 5-76。

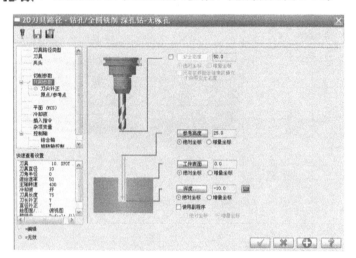

图 5-76　共同参数设置

d. 设置完成后，加工路径见图 5-77。

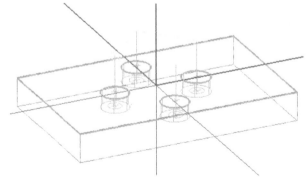

图 5-77　钻孔加工刀具路径

④ 图形模拟。

单击 ■操作管理■→ ● 按钮，进行仿真，完成后见图 5-78。

图 5-78　实体模拟

⑤ 利用后处理生成 NC 程序。

单击 操作管理 → G1 按钮，生成加工程序见图 5-79。

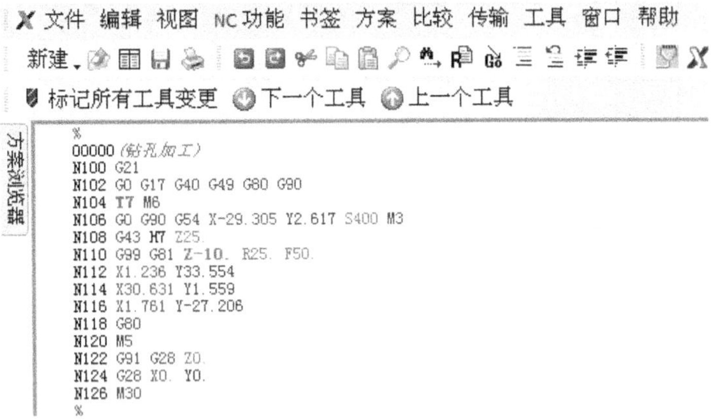

```
X 文件 编辑 视图 NC功能 书签 方案 比较 传输 工具 窗口 帮助
新建。📄🖩💾🖨 🔄🔁✂ 📋📋 🔍🔎 R🔍 G🔍 ☰ ☰ 拝拝 💡 X
📓 标记所有工具变更 ⬇下一个工具 ⬆上一个工具
%
00000 (钻孔加工)
N100 G21
N102 G0 G17 G40 G49 G80 G90
N104 T7 M6
N106 G0 G90 G54 X-29.305 Y2.617 S400 M3
N108 G43 H7 Z25.
N110 G99 G81 Z-10. R25. F50.
N112 X1.236 Y33.554
N114 X30.631 Y1.559
N116 X1.761 Y-27.206
N118 G80
N120 M5
N122 G91 G28 Z0.
N124 G28 X0. Y0.
N126 M30
%
```

图 5-79　加工程序

习　题

根据零件图的要求，完成下列图形的刀具路径。见图 5-80、图 5-81。

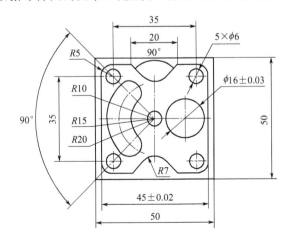
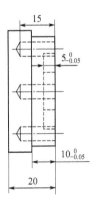

图 5-80　习题图（一）

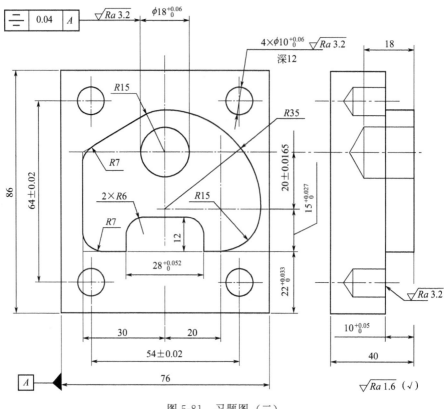

图 5-81 习题图（二）

第 **6** 章

三维加工

6.1 曲面平行铣削、等高外形与残料清角加工

6.1.1 曲面平行铣削加工参数设置

曲面平行铣削加工适用于加工曲率变化较小的平坦曲面以及表面积较大的曲面。曲面平行铣削分为粗加工和精加工两种形式，粗加工是分层平行切削的加工方法，加工完毕的工件表面刀路呈平行条纹状，刀路计算时间长，提刀次数多，粗加工时加工效率低。平行精加工与粗加工类似，区别在于无深度方向的分层控制，对坡度小的曲面加工效果较好，遇有陡斜面需控制加工角度，可作为精加工阶段的首选刀路。曲面平行铣削参数见图 6-1。

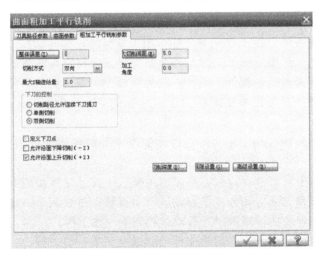

图 6-1　曲面平行铣削参数

- 整体误差：用于定义总误差（过滤器误差和加工误差之和）。总误差的值越小，刀具路径就越精确，但生成的数控程序段就越长。
- 切削方式：用于定义刀具在 XY 平面内的切削方式，有单向切削与往复切削两种方式。

- 最大切削间距：用于定义相邻刀具轨迹间的横向最大步距。
- 最大 Z 轴进给量：用于定义相邻刀具轨迹间的 Z 向下刀最大步距。
- 加工角度：用于定义曲面刀具轨迹相对于 X 轴的角度。

6.1.2 曲面等高外形加工参数设置

曲面等高外形加工适合于有陡峭壁及余量不大的曲面零件的粗精加工。刀具轨迹可以依据曲面轮廓形状生成周边轮廓切削路径，去除毛坯余量时，采用 Z 向等深度逐层切削方式。曲面等高外形加工参数见图 6-2。

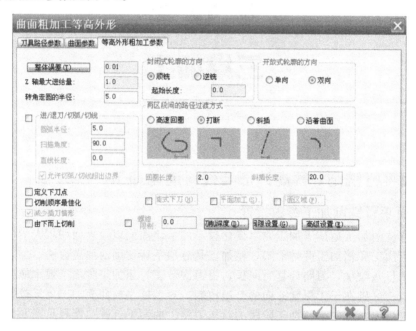

图 6-2　曲面等高外形加工参数

① 封闭式轮廓的方向：用于定义等高外形加工中封闭轮廓的切削方向。

a. 顺铣：用于定义封闭轮廓加工时，刀具的旋转方向与刀具的移动方向相同。

b. 逆铣：用于定义封闭轮廓加工时，刀具的旋转方向与刀具的移动方向相同。

c. 起始长度：用于定义在系统默认的起点增加的切入/切出距离，可以避免出现停刀痕迹。

② 开放式轮廓的方向：用于定义等高外形加工中开放轮廓的切削方向，有单向和双向两种形式。

a. 高速回圈：点击该单选项，则以高速加工模式圆弧过渡移动到下一加工行。

b. 打断：点击该单选项，则先水平移动，再垂直移动过渡到下一加工行。

c. 斜插：点击该单选项，则沿斜向移动过渡到下一加工行。

d. 沿着曲面：点击该单选项，则沿曲面形状过渡到下一加工行。

6.1.3 残料清角加工参数设置

曲面残料加工用于清除其他粗加工方法未切削或大直径刀具加工后形成的残留材料。通过刀具的平面切削运动，以恒定的 Z 向切削深度值，逐层去掉前面加工留下的残料。残料清角加工参数见图 6-3。

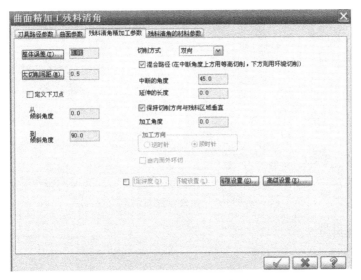

图 6-3 残料清角加工参数

- 从倾斜角度：用于设置开始加工曲面斜率角度。
- 到倾斜角度：用于设置终止加工曲面斜率角度。
- 切削方式：用于定义切削方式，包括双向、单向、3D 环绕三种方式。3D 环绕：表示采用螺旋方式进行切削。
- 混合路径（在中断角度上方用等高切削，下方则用环绕切削）：用于创建 2D 和 3D 混合的切削路径。当选中此复选框时，系统在中断角度以上采用 2D 和 3D 混合的切削路径，在中断角度以下采用 3D 的切削路径。
- 中断的角度：用于定义混合区域，中断角度常常被定义为 45°。
- 延伸的长度：用于定义混合区域的 2D 加工刀具路径的延伸距离。
- 保持切削方向与残料区域垂直：用于设置切削方向始终与残料区域垂直，选中此复选框，系统会自动改良精加工刀具路径，减小刀具磨损。

6.1.4 加工案例

（1）创建文件

图 6-4 为平行、等高、残料加工实例，打开 Mastercam X6 软件，单击文件，另存文件，创建"平行、等高、残料加工"文件，见图 6-5。

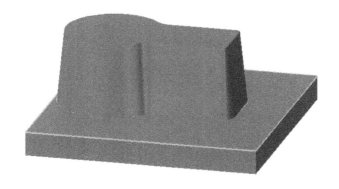

图 6-4 平行、等高、残料加工实例

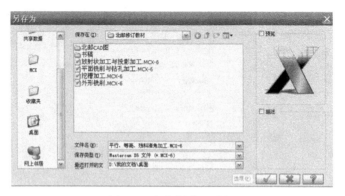

图 6-5　文件创建对话框

（2）创建零件模型

完成后见图 6-6。

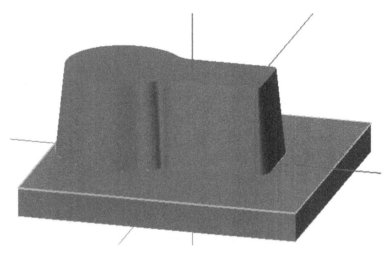

图 6-6　加工零件模型

（3）平行铣削加工

① 选取加工机床类型，见图 6-7。

图 6-7　机床类型

② 设置工件。

在"操作管理"中单击 ⊞⋯山 属性 - 3 - AXIS HMC 节点前的"＋"号，将该节点展开，然后单击 ◆ 材料设置 节点，系统弹出"机器群组属性"对话框，设置相关参数，完成后见图 6-8。

③ 定义加工曲面。

a. 单击 R 曲面粗加工 → P 粗加工平行铣削加工... 将会出现以下界面，见图 6-9、图 6-10。

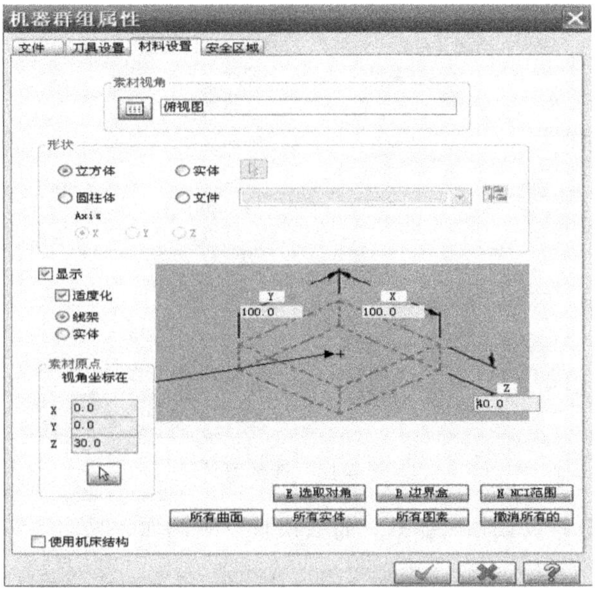

图 6-8 工件设置

图 6-9 选择工作形状

图 6-10 创建加工程序

b. 单击  ，选取加工曲面，完成后见图 6-11。

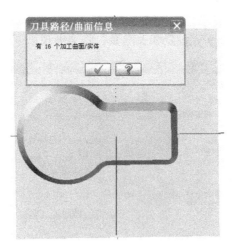

图 6-11 选取加工曲面

④ 设定加工参数。

a. 根据零件图纸，选择刀具完成后见图 6-12。

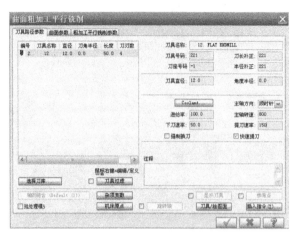

图 6-12　选择刀具

b. 单击 曲面参数 ，设置相关参数，将会出现以下画面，见图 6-13。

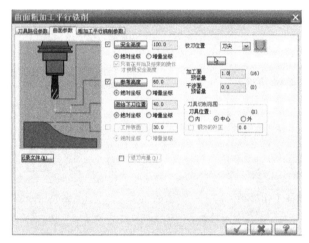

图 6-13　设置曲面参数

c. 单击 粗加工平行铣削参数 ，设置相关参数，将会出现以下画面，见图 6-14。

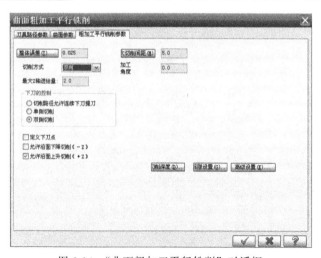

图 6-14　"曲面粗加工平行铣削"对话框

d. 设置完成后，加工路径见图 6-15。

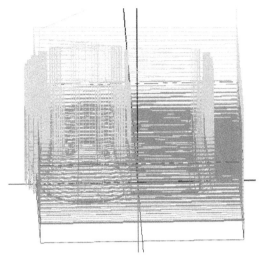

图 6-15　刀具路径

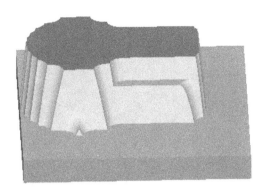

图 6-16　实体模拟

⑤ 图形模拟。

单击 → 🐷 按钮，进行仿真，完成后见图 6-16。

⑥ 利用后处理生成 NC 程序。

单击 操作管理→ G1 按钮，生成加工程序见图 6-17。

图 6-17　加工程序

（4）等高外形粗加工

① 单击 ≋ 隐藏加工路径， ⊥ 刀具路径 → R 曲面粗加工 → C 粗加工等高外形加工. 将 会 弹 出 选择加工曲面 ，选择工件表面，完成后见图 6-18。

② 设定加工参数。

a. 单击 ✓ ，根据零件图纸，选择刀具完成后见图 6-19。

b. 单击 曲面参数 ，设置相关参数，将会出现以下画面，见图 6-20。

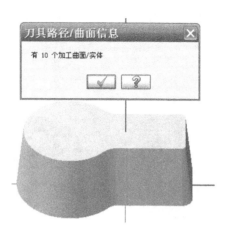

图 6-18　选择加工曲面

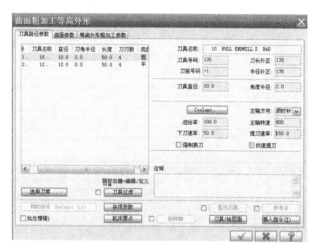

图 6-19　选择刀具

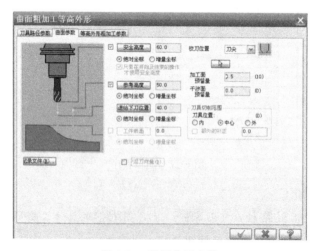

图 6-20　设置曲面参数

c. 单击 等高外形粗加工参数 ，设置相关参数，将会出现以下画面，见图 6-21。

d. 设置完成后，加工路径见图 6-22。

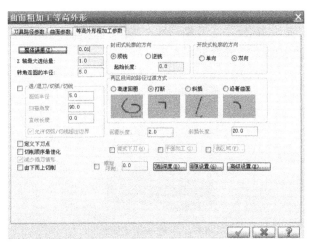

图 6-21 设置等高外形粗加工参数

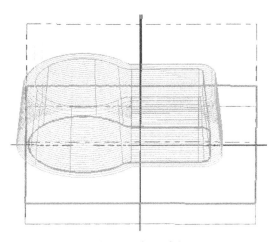

图 6-22 加工路径

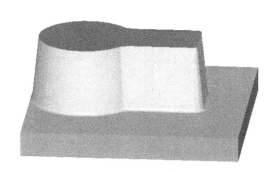

图 6-23 实体模拟

③ 图形模拟。

单击 → 按钮，进行仿真，完成后见图 6-23。

④ 利用后处理生成 NC 程序。

单击 操作管理 → G1 按钮，生成加工程序见图 6-24。

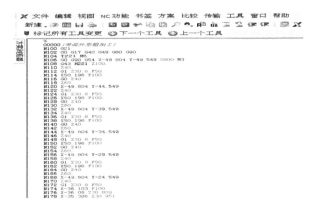

图 6-24 加工程序

(5) 等高外形精加工

① 单击 ≋ 隐藏加工路径，T 刀具路径 → F 曲面精加工 → C 精加工等高外形... 将会弹出 选择加工曲面，选择工件表面，完成后见图 6-25。

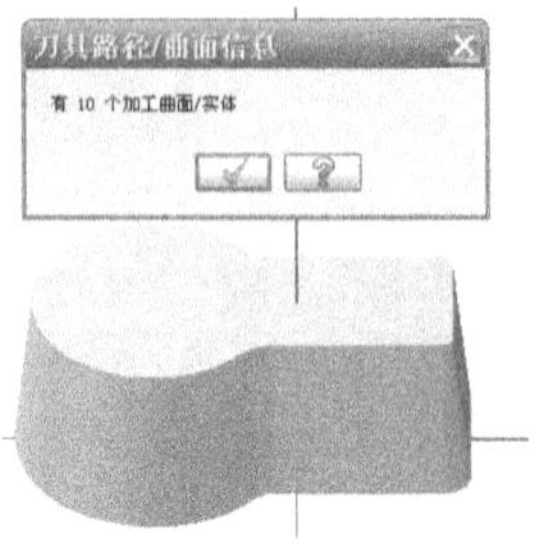

图 6-25 选择加工曲面

② 设定加工参数。

a. 单击 ✔，根据零件图纸，选择刀具完成后见图 6-26。

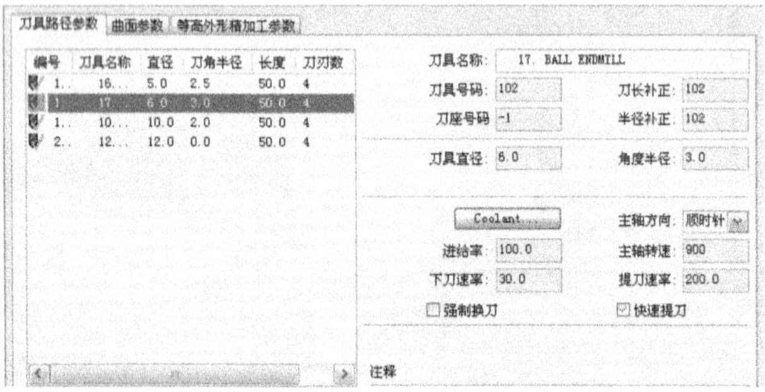

图 6-26 选择刀具

b. 单击 曲面参数 ，设置相关参数，将会出现以下画面，见图 6-27。

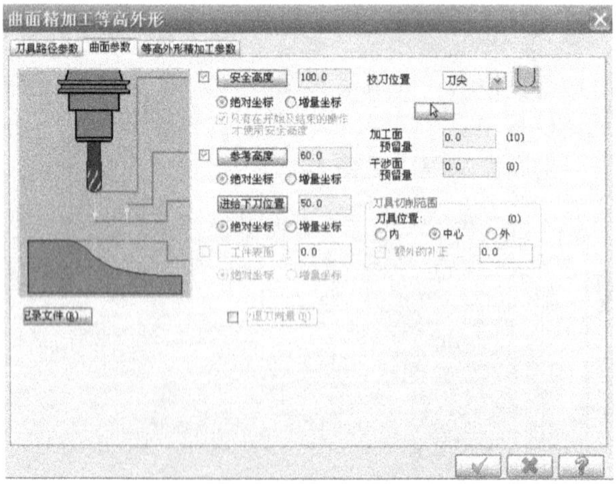

图 6-27 设置曲面参数

c. 单击 等高外形精加工参数，设置相关参数，将会出现以下画面，见图 6-28。

d. 设置完成后，加工路径见图 6-29。

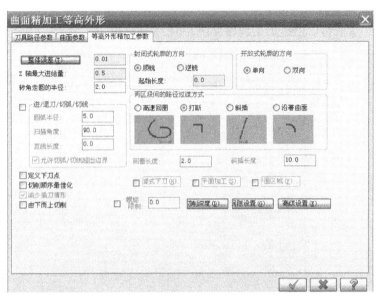

图 6-28 设置等高外形精加工参数

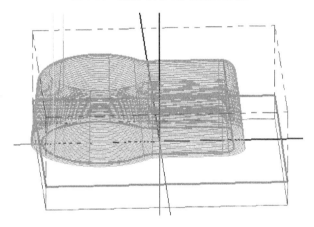

图 6-29 加工路径

③ 图形模拟。

单击 操作管理→ 按钮，进行仿真，完成后见图 6-30。

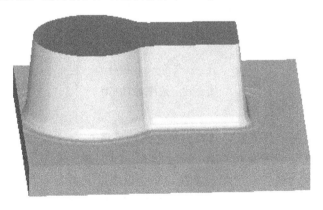

图 6-30 实体模拟

④ 利用后处理生成 NC 程序。

单击 操作管理 → **G1** 按钮，生成加工程序见图 6-31。

图 6-31　加工程序

（6）精加工残料加工

① 单击 ≈ 隐藏刀具加工路径，Ⅰ刀具路径 → F 曲面精加工 → c 精加工等高外形... 将会弹出 选择加工曲面，选择工件表面，完成后见图 6-32。

图 6-32　选择加工曲面

② 设定加工参数。

a. 单击 ✓，根据零件图纸，选择刀具完成后见图 6-33。

b. 单击 曲面参数，设置相关参数，将会出现以下画面，见图 6-34。

c. 单击 残料清角精加工参数，设置相关参数，将会出现以下画面，见图 6-35。

d. 单击 残料清角的材料参数，设置相关参数，将会出现以下画面，见图 6-36。

e. 设置完成后，加工路径见图 6-37。

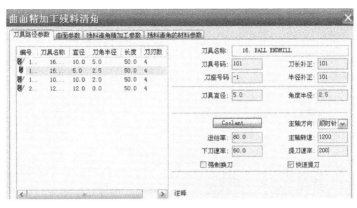

图 6-33　选择刀具

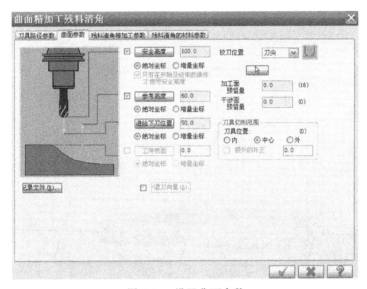

图 6-34　设置曲面参数

图 6-35　设置残料清角精加工参数

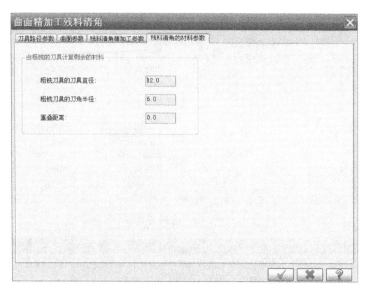

图 6-36　设置残料清角的材料参数

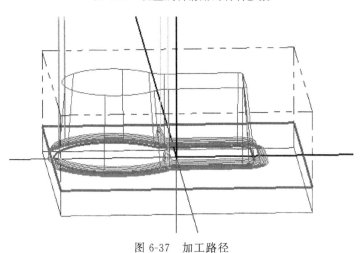

图 6-37　加工路径

③ 图形模拟。

单击 操作管理 → 🔵 按钮，进行仿真，完成后见图 6-38。

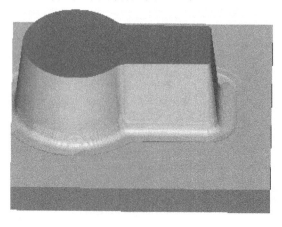

图 6-38　实体模拟

④ 利用后处理生成 NC 程序。

单击 按钮，生成加工程序见图 6-39。

```
✗ 文件 编辑 视图 NC功能 书签 方案 比较 传输 工具 窗口 帮助
新建 ⌄ ⌷ ▦ 🖫 🖨 🗐 🗐 ✂ 🗐 🗐 🔍 🔎 🔎 🖎 ☰ 🖉 🖉 🖉 🖏 ✗
🖉 标记所有工具变更 ⬇下一个工具 ⬆上一个工具
```

```
%
00000 (残料清角加工)
N100 G21
N102 G0 G17 G40 G49 G80 G90
N104 T221 M6
N106 G0 G90 G54 X-49.804 Y-49.549 S800 M3
N108 G43 H221 Z100.
N110 Z40.
N112 G1 Z30.8 F50.
N114 X50.196 F100.
N116 G0 Z40.
N118 Z60.
N120 X-49.804 Y-44.549
N122 Z40.
N124 G1 Z30.8 F50.
N126 X50.196 F100.
N128 G0 Z40.
N130 Z60.
N132 X-49.804 Y-39.549
N134 Z40.
N136 G1 Z30.8 F50.
N138 X50.196 F100.
N140 G0 Z40.
N142 Z60.
N144 X-49.804 Y-34.549
N146 Z40.
N148 G1 Z30.8 F50.
N150 X50.196 F100.
N152 G0 Z40.
N154 Z60.
N156 X-49.804 Y-29.549
N158 Z40.
N160 G1 Z30.8 F50.
N162 X50.196 F100.
N164 G0 Z40.
N166 Z60.
N168 X-49.804 Y-24.549
N170 Z40.
N172 G1 Z30.8 F50.
N174 X-36.103 F100.
N176 X-36.08 Z30.809
N178 X-35.386 Z30.951
```

图 6-39 加工程序

6.2 放射状加工与投影加工

6.2.1 放射状加工参数设置

放射状加工生成中心向外扩散的刀具轨迹。这种方式生成的刀具路径在平面上是呈离散变化的，越靠近原点处刀间距越小，越远离原点刀间距越大，因此这种加工方式适用于球形及具有放射特征的工件。放射状加工参数见图 6-40。

① 起始点区域：此区域可以设置刀具路径的起始下刀点。

a. 由内而外：此选项表示起始下刀点在刀具路径中心开始由内向外加工。

b. 由外而内：此选项表示起始下刀点在刀具路径中心开始由外向内加工。

② 最大角度增量：用来确定放射加工刀具路径中相邻路径的增量夹角，用以控制加工路径的密度。

③ 起始补正距离：用于设置以刀具路径中心补正一个圆为不加工范围。

④ 起始角度：指从某一位置开始生成放射轨迹，X 轴正方向开始，逆时针方向为正值。

⑤ 扫描角度：用于设置刀具路径的扫描终止角度。

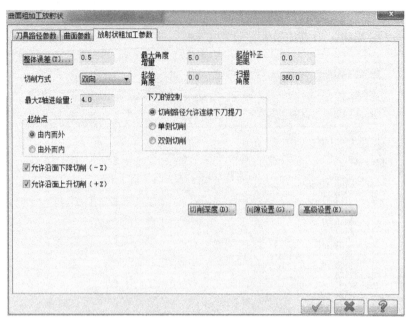

图 6-40　放射状加工参数

6.2.2　曲面投影加工参数设置

投影加工是将已有的刀具路径档案（NCI）或几何图素（点或曲线）投影到指定曲面模型上并生成刀具路径进行切削加工的方法。投影加工的参数见图 6-41。

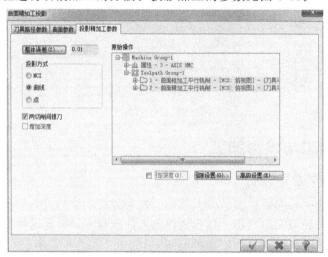

图 6-41　投影精加工参数

① NCI：表示利用已存在的 NCI 文件进行投影加工。
② 曲线：表示选取一条或多条曲线进行投影加工。
③ 点：表示可以通过一组点来进行投影加工。
④ 两切削间提刀：选中此复选框，表示在加工过程中强迫在两切削间提刀。

6.2.3　加工案例

（1）创建文件

图 6-42 为放射状与曲面投影加工实例，打开 Mastercam X6 软件，单击文件，另存文

件，创建"放射状加工与投影加工"文件，见图 6-43。

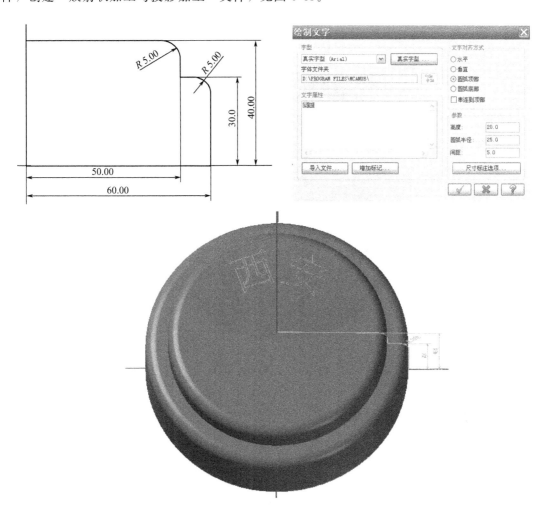

图 6-42　放射状加工与投影加工实例

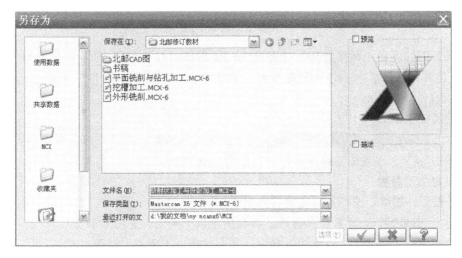

图 6-43　创建文件

（2）创建零件模型

完成后见图 6-44。

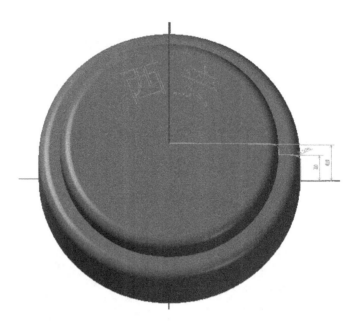

图 6-44　加工零件模型

（3）放射状加工

① 选取加工机床类型，见图 6-45。

图 6-45　机床类型

② 设置工件。在"操作管理"中单击 ⊞⋯山 属性 - 3 - AXIS HMC 节点前的"＋"号，将该节点展开，然后单击 ◆ 材料设置 节点，系统弹出"机器群组属性"对话框，设置相关参数，完成后见图 6-46。

③ 定义加工曲面。

a. 单击 R 曲面粗加工 → R 粗加工放射状加工 将会出现以下界面，见图 6-47、图 6-48。

b. 单击 ✓ ，选取加工曲面，完成后见图 6-49。

④ 设定加工参数。

a. 根据零件图纸，选择刀具完成后见图 6-50。

b. 单击| 曲面参数 ，设置相关参数，将会出现以下画面，见图 6-51。

c. 单击 放射状粗加工参数 ，设置相关参数，将会出现以下画面，见图 6-52。

d. 设置完成后，选择放射中心点原点，加工路径见图 6-53。

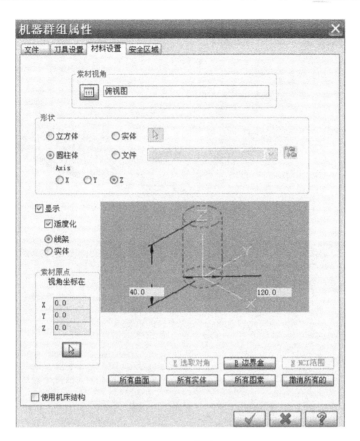

图 6-46 工件设置

图 6-47 选择工件形状

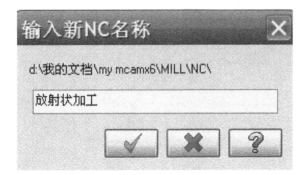

图 6-48 创建加工程序

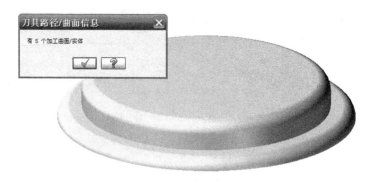

图 6-49　选取加工曲面

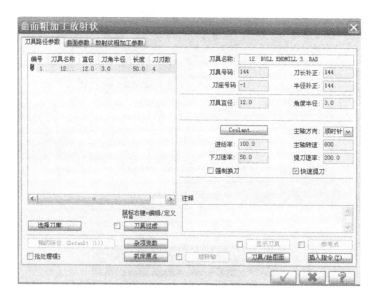

图 6-50　选择刀具

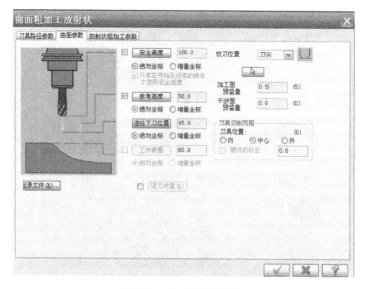

图 6-51　设置曲面参数

图 6-52 设置放射状粗加工参数

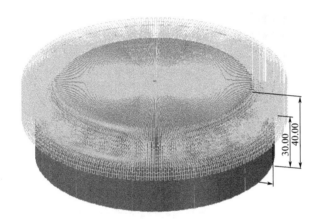

图 6-53 选择放射中心点原点

⑤ 图形模拟。

单击 操作管理 → 🔳 按钮，进行仿真，完成后见图 6-54。

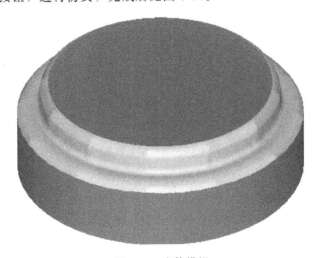

图 6-54 实体模拟

⑥ 利用后处理生成 NC 程序。

单击 操作管理 → G1 按钮，生成加工程序见图 6-55。

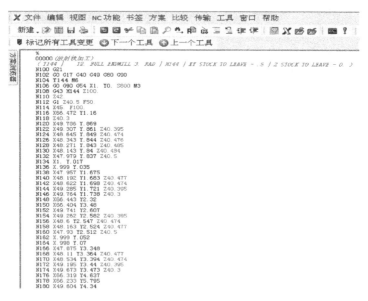

图 6-55　加工程序

注：曲面精加工采用等高外形加工，此处不做讲述。

（4）曲面投影精加工

① 单击 ≋ 隐藏放射状刀具加工路径， Ⅰ刀具路径 → E 曲面精加工 → 」精加工投影加工，将会弹
出 选择加工曲面 ，选择工件表面，完成后见图 6-56。

图 6-56　选择加工曲面

② 设定加工参数。

a. 单击 ✓ ，根据零件图纸，选择刀具完成后见图 6-57。

b. 单击 曲面参数 ，设置相关参数，将会出现以下画面，见图 6-58。

c. 单击 投影精加工参数 ，设置相关参数，将会出现以下画面，见图 6-59。

d. 单击 ✓ ，利用 "窗选" 选项选取所加工的曲线，完成后见图 6-60。

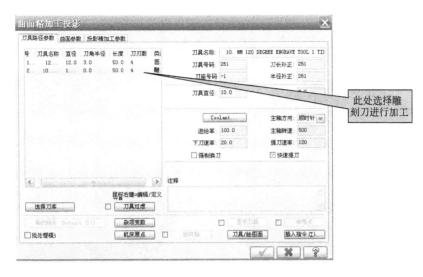

图 6-57　选择刀具

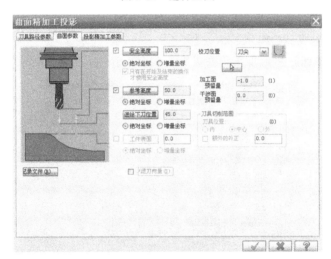

图 6-58　设置曲面参数

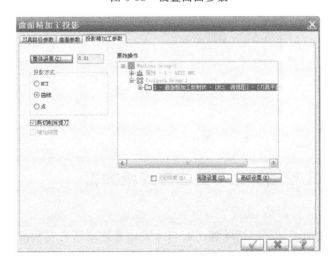

图 6-59　设置投影精加工参数

③ 图形模拟。

单击操作管理→按钮，进行仿真，完成后见图6-61。

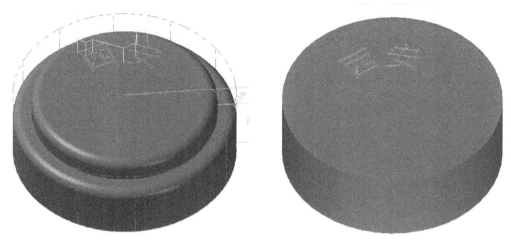

图6-60　实体模拟

④ 利用后处理生成NC程序。

单击操作管理→G1按钮，生成加工程序见图6-61。

图6-61　加工程序

6.3　曲面粗加工挖槽加工与曲面流线精加工

6.3.1　曲面挖槽加工参数设置

曲面粗加工挖槽加工是分层清除加工面与加工边界之间所有材料的一种加工方法。采用此方法可以进行大量切削加工，以减少工件中的多余余量，同时可提高加工效率。曲面粗加工挖槽加工参数见图6-62。

图 6-62　曲面粗加工挖槽加工

①"双向"选项：该选项表示根据粗加工的角采用 Z 形走刀。

②"等距环切"选项：该选项表示根据剩余的部分重新计算出新的剩余部分进行加工。

③"平行环切"选项：该选项是根据每次切削边界产生一定偏移量进行加工。

④"平行环切清角"选项：该选项是根据每次切削边界产生一定偏移量进行加工，同时清除角处的残余刀路。

⑤"依外形环切"选项：该选项是根据凸台或凹槽间的形状，从某一个点递进进行切削。

⑥"高速切削"选项：该选项是在圆弧处生成平稳的切削，且不易使刀具受损的一种加工方式，但加工时间较长。

⑦"单向"选项：该选项是始终沿一个方向切削，适合切削深度较大时选用，但加工时间较长。

⑧"螺旋切削"选项：该选项是从某一点开始，沿螺旋线切削，此种切削方式在切削时比较平稳，适合非规则型腔时选用。

⑨"切削间距（直径%）"文本框：用于设置切削间距为刀具直径的百分比。

⑩"切削间距（距离）"文本框：用于设置 XY 方向上的切削间距，XY 方向上的切削间距为距离值。

6.3.2　曲面流线加工参数设置

曲面流线加工是刀具依曲面产生时的方向（横向或纵向）进行铣削，可以设定曲面切削方向是沿着截断方向加工或者沿切削方向加工，同时可以控制曲面的"残余高度"来产生一个平滑的加工曲面。曲面精加工流线加工参数见图 6-63。

① 切削控制：用于控制切削的步进距离值及误差值。

a. 距离：选中此复选框可以通过设置一个具体数值来控制刀具眼曲沿切削方向的增量。

b. 执行过切检查：选中此复选框表示在进行刀具路径计算时，将执行过切检查。

② 截断方向的控制：用于设置控制切削方向的相关参数。

a. 距离：选中此复选框可以通过设置一个具体数值来控制刀具沿曲面截面方向的步进增量。

b. 环绕高度：选中此单选项可以设置刀具路径间的剩余材料高度，系统会根据设定的数值对切削增量进行调整。

c. 只有单行：用于创建一行越过邻近表面的刀具路径。

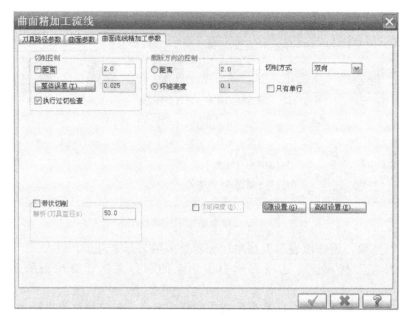

图 6-63　曲面精加工流线加工参数

③ 带状切削：该复选框用于在所选曲面的中部创建一条单一的流线刀具路径。

6.3.3　加工案例

（1）创建文件

图 6-64 为曲面挖槽与曲面流线加工实例，打开 Mastercam X6 软件，单击文件，另存文件，创建"曲面挖槽与曲面流线加工"文件，见图 6-65。

图 6-64　曲面挖槽与曲面流线加工实例

（2）创建零件模型

完成后见图 6-66。

（3）曲面粗加工挖槽加工

① 选取加工机床类型，见图 6-67。

② 设置工件。

在"操作管理"中单击 **山 属性 - 3 - AXIS HMC** 节点前的"＋"号，将该节点展开，

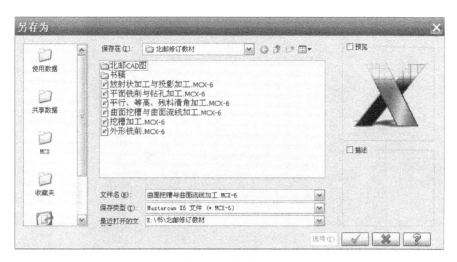

图 6-65 创建文件

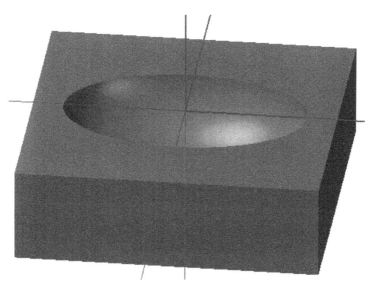

图 6-66 加工零件模型

图 6-67 机床类型

然后单击 ◇ 材料设置节点，系统弹出"机器群组属性"对话框，设置相关参数，完成后见图 6-68。

③ 定义加工曲面。

a. 单击 R 曲面粗加工 → K 粗加工挖槽加工将会出现以下界面，见图 6-69。

b. 单击 ✓ ，选取加工曲面，完成后见图 6-70。

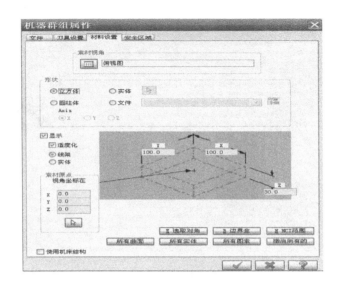

图 6-68　工件设置

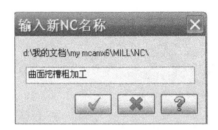

图 6-69　创建加工程序

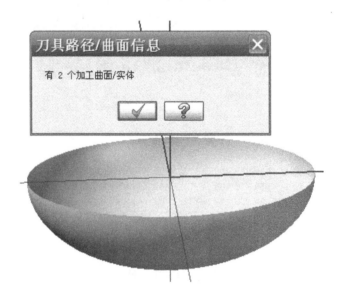

图 6-70　选取加工曲面

④ 设定加工参数。

a. 根据零件图纸，选择刀具完成后见图 6-71。

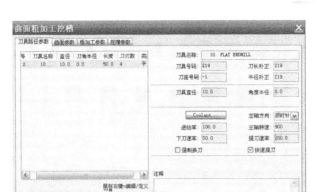

图 6-71 选择刀具

b. 单击 曲面参数 ，设置相关参数，将会出现以下画面，见图 6-72。

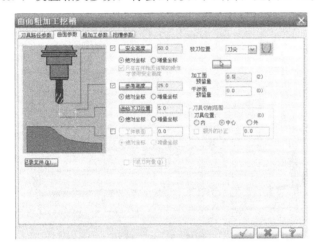

图 6-72 设置曲面参数

c. 单击 粗加工参数 ，设置相关参数，将会出现以下画面，见图 6-73。

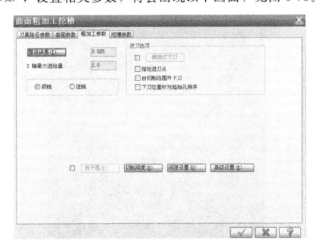

图 6-73 设置粗加工参数

d. 单击 挖槽参数 ，设置相关参数，将会出现以下画面，见图 6-74。

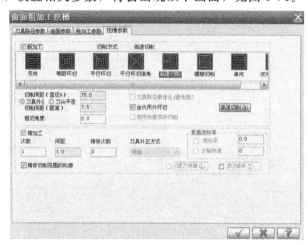

图 6-74　设置挖槽参数

e. 设置完成后，加工路径见图 6-75。

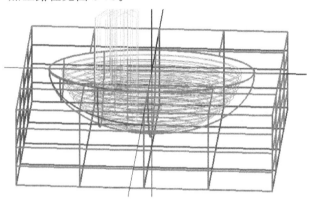

图 6-75　加工路径

⑤ 图形模拟。

单击 操作管理 → 📦 按钮，进行仿真，完成后见图 6-76。

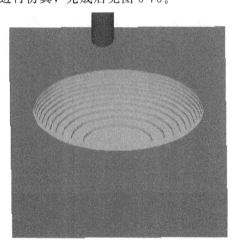

图 6-76　实体模拟

⑥ 利用后处理生成 NC 程序。

单击 操作管理 → G1 按钮，生成加工程序见图 6-77。

图 6-77 加工程序

（4）曲面精加工流线加工

① 单击 ≋ 隐藏放射状刀具加工路径， T 刀具路径 → F 曲面精加工 → F 精加工流线加工将会弹出 选择加工曲面 ，选择工件表面，完成后见图 6-78。

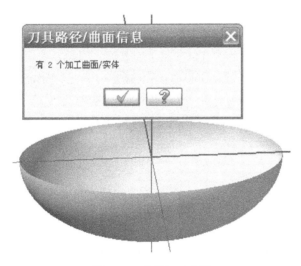

图 6-78 选择加工曲面

② 设定加工参数。

a. 单击 ✓ ，根据零件图纸，选择刀具完成后见图 6-79。

b. 单击 曲面参数 ，设置相关参数，将会出现以下画面，见图 6-80。

c. 单击 曲面流线精加工参数 ，设置相关参数，将会出现以下画面，见图 6-81。

d. 单击 ✓ ，将会出现以下画面，见图 6-82。

• 补正方向：用于改变曲面加工部位。

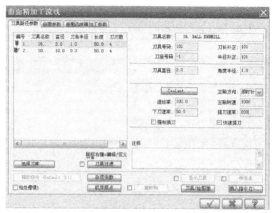

图 6-79　选择刀具

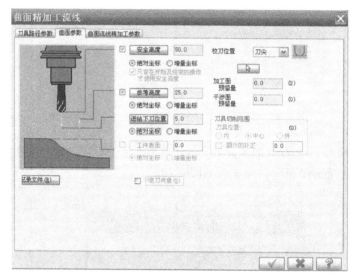

图 6-80　设置曲面参数

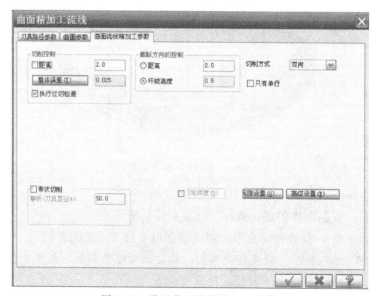

图 6-81　设置曲面流线精加工参数

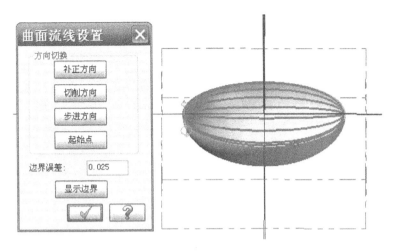

图 6-82　曲面流线设置

- 切削方向：用于改变曲面加工时刀具轨迹的走向。
- 步进方向：用于改变刀具轨迹由里向外还是由外向里加工。
- 起始点：此按钮用于改变曲面开始加工的位置。

e. 设置完成后，加工路径见图 6-83。

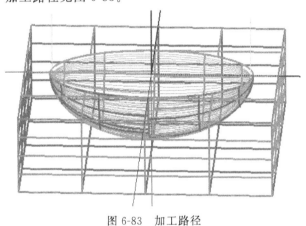

图 6-83　加工路径

③ 图形模拟。

单击 操作管理 → 🔵 按钮，进行仿真，完成后见图 6-84。

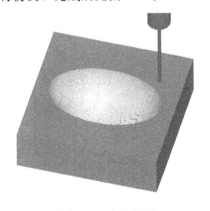

图 6-84　实体模拟

④ 利用后处理生成 NC 程序。

单击 操作管理 → G1 按钮，生成加工程序见图 6-85。

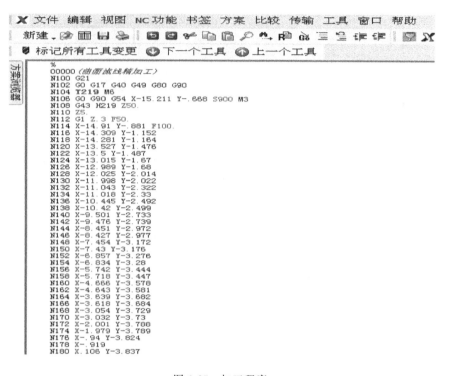

图 6-85　加工程序

习　　题

完成下列图形的刀具路径，见图 6-86～图 6-88。

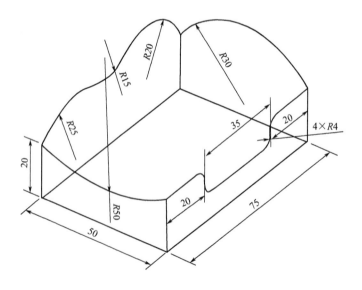

图 6-86　习题图（一）

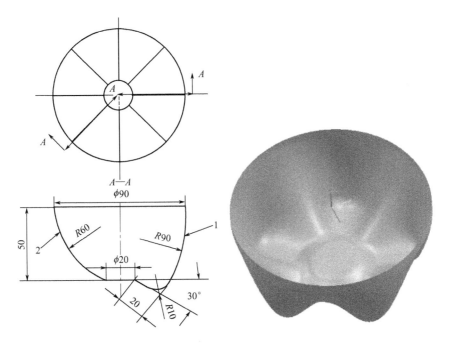

图 6-87 习题图（二）

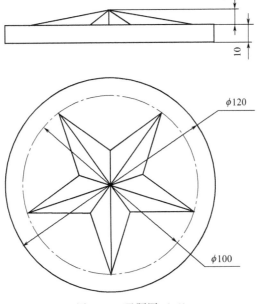

图 6-88 习题图（三）

参 考 文 献

[1] 李明，何宏伟. Mastercam 应用软件实训 [M]. 北京：机械工业出版社，2008.

[2] 北京兆迪科技有限公司. Mastercam X6 宝典 [M]. 北京：机械工业出版社，2013.

[3] 彭雨. Mastercam 实例精选 [M]. 北京：机械工业出版社，2005.

[4] 袁锋. 计算机辅助设计与制造实训图库 [M]. 北京：机械工业出版社，2003.

[5] 薛茂权. Mastercam 选型与仿真加工项目范例 [M]. 北京：电子工业出版社，2010.